*Natur***Lust**

NaturLust

BÄRBEL OFTRING

DRAUSSEN MEHR ERLEBEN!

KOSMOS

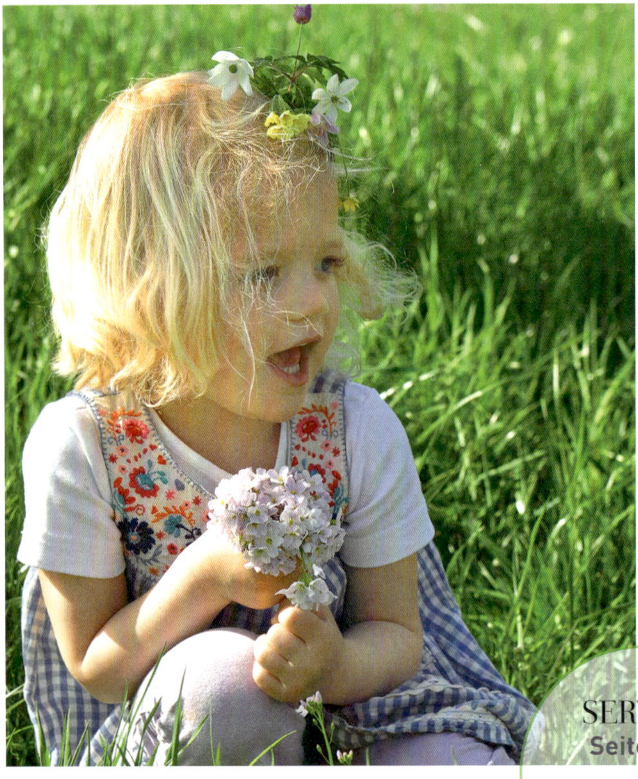

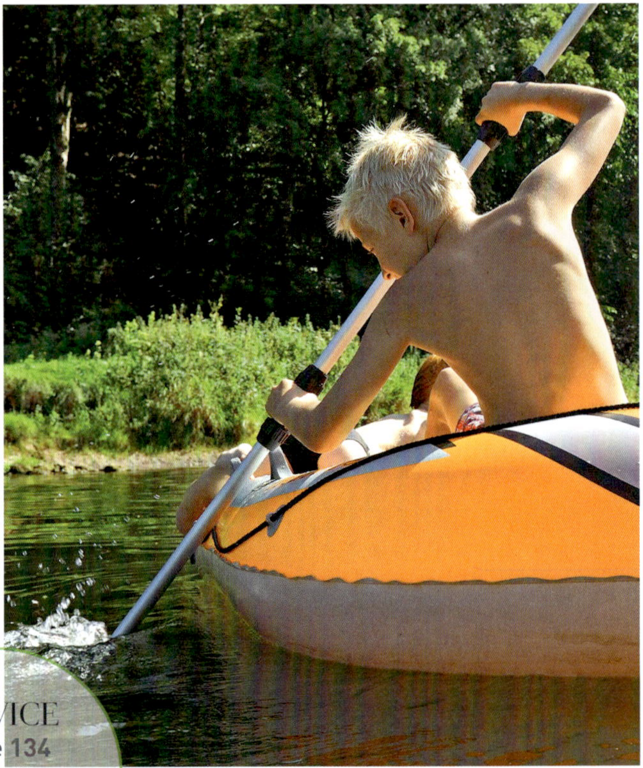

SERVICE
Seite 134

REGISTER
Seite 138

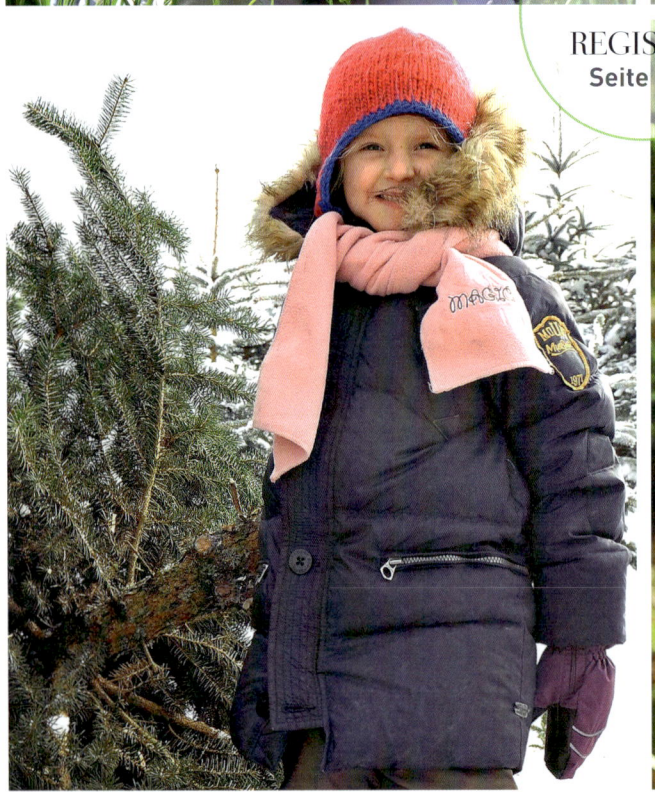

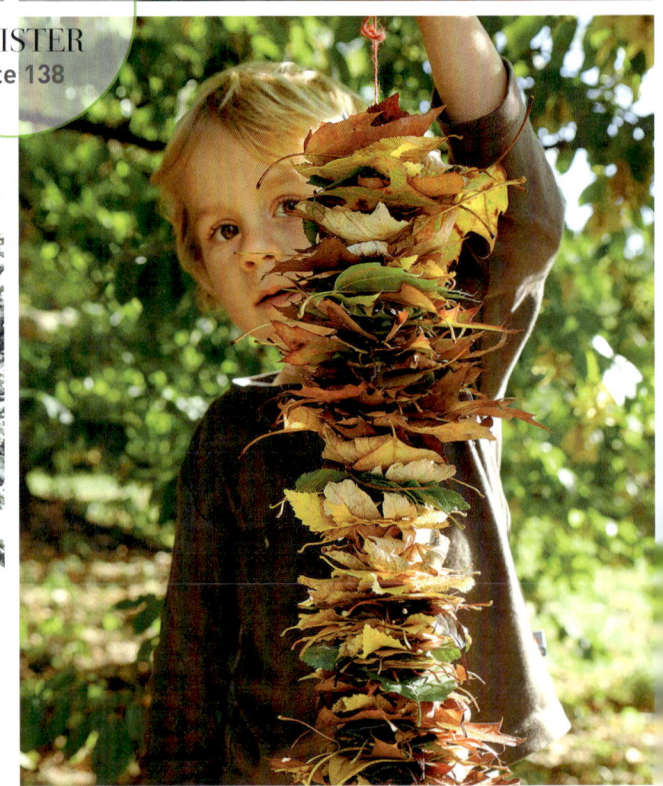

FRÜHLING

Natur macht munter

SOMMER

Wärme und Sonne allüberall

WINTER

Schnee liegt in der Luft

HERBST

Bunte Fülle an Früchten

NATURLUST – LUST AUF NATUR

NATUR HEILT Körper und Seele – das, was viele Menschen intuitiv schon lange wissen, bestätigen immer mehr wissenschaftliche Studien. Naturerlebnisse und Naturerfahrungen leisten einen wesentlichen Beitrag zu der erfreulichen Entwicklung zu einem reifen, verantwortungsbewussten, erfüllten und glücklichen Menschen. Empathie, so wichtig in einer menschenwürdigen, freudvollen Gesellschaft, lernen Klein und Groß besonders durch Kontakte mit Natur, mit Tieren und Pflanzen. Zu wenig Natur macht krank.

NATUR BEKOMMT aber leider dank überorganisierter Terminkalender in vielen Tages- und Wochenplänen von Erwachsenen und auch von Kindern einen hinteren Platz. Das hat dramatische Folgen, wenn man die exponentiell steigenden Fälle verschiedenster psychischer Erkrankungen in unserer Gesellschaft im Auge hat. Das vorbeugende und heilende Mittel für jeden von uns gibt es aber überall, jeden Tag rund um die Uhr, bei Wind und Wetter und natürlich kostenlos: die Natur!

GÖNNEN SIE SICH mehr Natur, mehr Bewegung an der frischen Luft in grüner Umgebung, mehr draußen sein, denn Natur tut gut. Sich in der Natur zu bewegen und sich auf die Natur einzulassen gehört zur menschlichen Gesundheit wie Wasser und Vitamine.

NATUR HELLT die Stimmung nachweislich auf und lässt das Selbstwertgefühl steigen. Denn Naturbeobachtung und die sinnliche Erfahrung mit Tieren und Pflanzen erweitert nicht nur die kreativen Wahrnehmungs-, Gestaltungs- und Ausdrucksfähigkeiten, sondern macht sozial kompetenter, verbessert die geistigen Leistungen und baut Aggressionen und Ängste ab. Verordnen Sie sich und Ihren Kindern täglich wenigstens „einen Schluck" Natur, auch wenn es nur fünf Minuten Blumengießen im Garten oder eine kurze Radtour durch Wald, Feld und Flur sind.

NATUR MACHT LUST auf Leben und auf Fröhlichsein, lassen Sie sich Lust auf Natur machen, Seite für Seite, jetzt und heute. Damit es für Sie auf unserem Heimatplaneten schöner wird.

*SICH ETWAS GUTES TUN
DRAUSSEN SEIN
NATUR EINATMEN*

FRÜHLING

Natur macht munter

AUFBLÜHEN

wie die Natur können Sie jetzt draußen beim Wandern, Picknicken, von-Pfütze-zu-Pfütze-Hüpfen, Auf-einen-Baum-Klettern oder Insektenhotel-Bauen für die kleinen Krabbeltierchen. Nun sprießt und sprosst und grünt es auf überall, die Welt wird wieder bunt. Herz, Auge und Seele jubeln auf bei so viel erfrischender Farbenfreude. Gelb leuchtet der Löwenzahn auf den Wiesen, zartrosa die Buschwindröschen am Waldboden, blau die kleinen Veilchen am Wegrand. Und Töne gibt es endlich wieder nach der Stille der winterlichen Ruhezeit, der von Tag zu Tag vielfältigere Gesang der Vögel, das Rascheln der Mäuse im Laub, das Zwitschern der Schwalben. Frühling, danke für deine Geschenke!

GRÜN –
sprießen überall die Bärlauchblätter
in der frischen Farbe des Frühlings.

NATURKUNST MIT BLÜTEN

NUN ERSCHEINEN SIE wieder, die bunten Blüten, bilden gar dichte Teppiche im noch lichten Buchenwald und auf den Wiesen. Ist Ihnen schon aufgefallen, in welch großer Vielfalt an Formen, Größen und Farben es Blumen gibt? Entdecken Sie diesen Reichtum täglich neu. Und dann lassen Sie sich inspirieren zu kleinen Blüten-Kunstwerken.

GLEICHE BLÜTEN ODER bunt gemischte, ziehen wie eine Raupe in einer Rindenritze den Baum hinauf. Sattgelbe Löwenzahnblüten schlängeln sich am Boden entlang und verschwinden im Gestrüpp, bilden immer kleiner werdende Kreise oder Dreiecke auf dem satten Grün der Wiese, umkreisen einen Baumstumpf oder winden sich einen Stamm hinauf. Buschwindröschen zeichnen die Ritzen von Felsen nach, treiben wie kleine Flöße auf Bach und Teich, schlängeln sich am Bachufer entlang oder bilden lebendige Spiralen.

AUCH DIE FRAGILEN Pusteblumen, die weichen Kätzchen und Samenbäusche der Pappeln bieten sich geradezu an für zarte Naturkunst: Gelingt Ihnen allein oder zusammen mit Ihren Kindern ein Quadrat aus unversehrten Pusteblumen? Kaum liegt es, schon spielt der Wind mit den Samen und pustet sie davon.

MANDALAS, ursprünglich religiöse kreisförmige oder quadratische, die Unendlichkeit des Kosmos darstellende Bilder, entstehen aus verschiedenen Blüten, Blättern, herabgefallenen Zapfen und anderen Natursachen. Da Mandalas symmetrisch aufgebaut sind, brauchen Sie jedes Naturmaterial mehrfach, am besten das Vielfache von vier oder acht.

BITTE BEACHTEN SIE bei aller Schöpferfreude: Blumen sind Gasthäuser für viele Insekten und sichern den Blütenpflanzen über die Samen das Fortbestehen, darum pflücken Sie sie achtsam und belassen reichlich unversehrt an ihren Stielen.

1 EINE KLEINE SCHNIRKEL-SCHNECKE hat sich in die Blütenschlange hineingeschmuggelt, die die Baumrinde emporkrabbelt.

2 HALLO FRÜHLING! Wir begrüßen dich mit einem üppigen Blütenkranz!

WILDE KRÄUTER – LECKER!

MIT DEN VIELFÄLTIGEN Kräutern schenkt uns die Natur jede Menge supergesunde Genüsse, die jetzt aus dem Boden sprießen und ihr frisches Blattwerk entfalten. Kommt auch bei Ihnen Sammelfreude auf? Dann raus in Wald, Feld und Flur, wo die jungen Blätter von Brennnesseln (kurz blanchieren!), Bärlauch (unten links), Löwenzahn, Sauerampfer und Giersch (unten rechts) gedeihen.

ZU HAUSE WIRD GESCHNIPPELT und gehackt für frische Wildkräutersalate, feine Suppen oder ein zartes Pesto (Olivenöl und gehackte Pinienkerne zufügen). Farbe spenden die Blüten von Gänseblümchen, Bärlauch, Löwenzahn, Lungenkraut (rechts) Scharbockskraut und Veilchen. Sammeln Sie mit Bedacht – nur so viel, wie Sie brauchen, und fern von Straßen und Tierkotplätzen!

SUPERGESUNDE GENÜSSE, DIE JETZT AUS DEM BODEN SPRIESSEN

PICKNICK IM GRÜNEN!

DAS GEHÖRT EINFACH zur warmen Jahreszeit dazu: ein Picknick im Freien, mittags nach Schule und Kindergarten, am Wochenende nach Spielen und Toben draußen. Und weil es im Grünen noch einmal so gut schmeckt, gibt es heute leckere Picknickbrötchen. Die sind ganz einfach zu machen: Ein knuspriges Brötchen (mit oder ohne Körner, gern aus Vollkorn) aushöhlen, mit leckerem Pesto bestreichen, dann Gurken- und Tomatenscheiben drauflegen und

eine Scheibe vom Lieblingskäse. Deckel drauf und mit Paketschnur wie ein Päckchen verschnüren. Dann fallen die Picknickbrötchen selbst beim Spurt auf die nächste Wiese nicht auseinander.

ZUM PICKNICK nehmen Sie noch mit: Getränke, eine Picknickdecke, Frisbee oder Ball für rasante Bewegungsspiele und ein Blumenbuch (vielleicht bekommen Sie ja Lust, die Namen einiger Frühjahrsblumen herauszufinden).

HEUTE GIBT ES
LECKERE
PICKNICKBRÖTCHEN

MEIN FREUND, DER BAUM

WEIT OBERHALB DER KÖPFE von uns Erwachsenen gibt es eine herrliche Welt zu entdecken: die Baumkronen. Dort oben ist die Luft so viel freier und bald, wenn die Blätter gesprossen sind, ist man ihrem flüsternden Rauschen ganz nah, den duftenden Blüten und herabbaumelnden Blütenkätzchen. Ein Weg führt hinauf, der Baumstamm mit seiner tief rissigen Borke und tiefe, starke Äste, die zum Klettern einladen. Freilich ist nicht jeder Baum ein Kletterbaum, aber das finden Sie und Ihre Kinder mit Leichtigkeit heraus. Und wenn Ihr hütendes Elternherz zu besorgt ist, schicken Sie

Ihren Kindern einfach einen Schutzengel mit auf den Weg in die luftige Höhe: Die allermeisten Kinder können bestens für sich selbst sorgen und nähern sich ganz langsam und in ihrem eigenen Tempo dem nächst höheren Ast.

UNTEN BLEIBEN GEHT AUCH. Dort am Baumstamm angelehnt öffnet sich das Herz und schlägt im Rhythmus der Bäume, der Natur: Einatmen – ausatmen, so fühlt sich Geborgenheit an.

Wenn dann die Sammellust kommt, packen Sie gleich mit an: Aus toten Ästen, die heute zum Glück in Wald und Flur liegen bleiben dürfen, entsteht ein schützendes Tipi rund um einen Baumstamm. Je dicker die Äste, umso besser müssen sie miteinander verkeilt sein: So lässt es sich darunter sicher spielen. Im Garten oder auf Ihrem Grundstück können Sie ein solches Tipi auch aus dünneren Weidenruten anfertigen. Ein paar Samen von kletternder Kapuzinerkresse aussäen und schon wächst der blühende Lieblingsplatz.

1 DAS IST UNSER VERSTECK am Wiesenrand. Papa hat uns beim Bauen geholfen, doch nun muss er draußen bleiben.

2 VERTRAUEN LERNEN, mein Baumfreund hält mich.

3 HOCH HINAUF in einen Baum klettern: Hallloo, so weit oben bin ich!

FRÜHBLÜHER

1 *BUSCHWINDRÖSCHEN* bilden dichte Teppiche im Rotbuchenwald. Wenn die Bäume ihre Blätter entfalten, haben sie schon Samen gebildet.

2 *WIESENSCHAUMKRAUT* Die weißen bis blassrosa Blüten sind voller Nektar und locken viele Insekten an.

3 *HASELWURZ* Versteckt unter den samtig behaarten Blätter öffnen sich ihre braunen Blüten, gern wächst sie unter Haselsträuchern.

4 *SCHARBOCKSKRAUT* Wie kleine Sonnen strecken sich die gelben Blüten über die Blätter, die an etwas

feuchten Stellen dicht an dicht den Boden bedecken.

5 *LEBERBLÜMCHEN* Vorwitzig erheben sich die weißen Staubblätter in der zartblauvioletten Blüte. Seinen Namen verdankt es der leberähnlichen Form der Blätter.

6 SCHLÜSSELBLUMEN
Genießen Sie es, wenn Sie diese fein duftenden Blumen entdecken. Sie werden leider immer seltener.

7 VEILCHEN gehören zum Frühling wie Baden zum Sommer: Die blauen bis violetten Blüten der verschiedenen Veilchen gedeihen unter nicht zu dichten Sträuchern.

8 WALDMEISTER Beim feinen Reiben verströmen die Blätter den typischen Duft. Für Bowle sammeln Sie die Blätter, bevor die weißen kleinen Blüten erscheinen.

9 LERCHENSPORN
Wo er sich unter lichten Bäumen ausbreitet, gibt es viel zu gucken: Innerhalb eines Blütenteppichs sind manche Blüten violett bis purpurfarben, andere rein weiß.

10 HUFLATTICH
Die großen weich behaarten Blätter, die im Sommer an trocken-warmen Wegrändern gedeihen, gehören zu ihm, der nun als einer der ersten Frühblüher völlig blattlos blüht.

AUF SCHUSTERS RAPPEN

IM FRÜHTAU ZU BERGE
Zu Fuß hat man in der freien Natur genau das richtige Tempo! Man schafft pro Stunde je nach Gelände zwei bis sechs Kilometer, nimmt zur Genüge die Umgebung wahr und beobachtet ganz nebenbei unzählige Pflanzen und Tiere. Während des Wanderns nimmt das körperliche und seelische Wohlbefinden stetig zu, sogar wenn es hier und da im Körper kneift und zwickt.

DER WEG IST DAS ZIEL, auch wenn natürlich das Ziel erreicht werden will. Wählen Sie deshalb an Ihre körperliche Verfassung angepasste Wanderrouten durch abwechslungsreiche Gegenden, durch tiefe Schluchten, über Bergkuppen, vorbei an gähnend dunklen Höhlen und rauschenden Wasserfällen, über bunte Obstbaumwiesen, durch flache Bachbetten, den Strand entlang und an verlassenen Ruinen und einsamen Burgen vorbei. Wandern soll Freude machen. Legen Sie dort eine Vesperpause ein, wo es Ihnen so richtig gut gefällt. Gönnen Sie

sich unterwegs Abwechslung – laufen Sie ein Stückchen barfuß über feinen Sand oder weiche Moospolster, machen Sie einen Purzelbaum den Berghang hinauf (spüren Sie nun, wie steil das Gelände ist?).

ZUM ABENTEUER WIRD die (mehrtägige) Wanderung mit Wanderkarte (topografisch) und Kompass. Alle sind dran und jeder darf mal anhand der Karte bestimmen, wo es langgeht. Natürlich stets in Richtung des vereinbarten Ziels. Da muss man sich auskennen mit Karte und Kompass. Übernachtet wird in einer Hütte, am nächsten Tag geht es weiter.

---

1 EINFALLSREICHTUM ist gefragt, wenn die Sonne gar zu sehr auf die wandernde Schar herabbrennt.

2 ES DARF AUCH PAUSIERT werden. Dann locken kleine Spiele und Kuscheln mit Mama.

3 NOCH ABENTEUERLICHER ist eine Wanderung als Geocacher: Mit Kompass oder GPS-Gerät ausgestattet, findet der moderne Schatzsucher einen Cache (so heißt der versteckte Schatz).

APRILWETTER

HERRLICH SCHEINT die Sonne, spendet die lang ersehnte Wärme. Da ziehen Wolken auf, dunkle – und schwuppdiwupp ergießt sich ein kräftiger Schauer, sogar ein paar matschige Schneeflocken haben sich druntergemischt. Aprilwetter, launisch und sehr wechselhaft. Macht gar nichts, wir gehen trotzdem raus! Mit der richtigen Outdoorbekleidung wird das Wetter zur Nebensache.

NUR ZWEI STUNDEN am Tag hinaus, wenn die Sonne scheint oder der Regen die Luft angenehm feucht für unsere Lungen macht, und dabei Computer und Fernseher für eine Weile hinter sich lassen. Bei Gewitter bleiben wir allerdings besser drinnen, zu gefährlich ist es dann im Freien. „Draußen" kann der eigene Garten, die kleine Grünfläche oder das brach liegende Grundstück nebenan sein, oder eine angrenzende Wiesen- oder Waldlandschaft oder wie sieht „draußen" bei Ihnen aus? Und jetzt? Nichts weiter, Sie sind draußen. Alles andere ergibt sich aus dem, was gerade ist, ungeplant und ohne Vorgaben. Mal ist es einfach nur ruhig auf einem gefällten Baumstamm hocken, den Gedanken nachgehen, mal ist es Zapfen und andere Natursachen sammeln (vielleicht für ein wenig Naturkunst), ein anderes Mal eine wilde Schnitzeljagd oder ein tolles Versteck bauen. Alles ist gut, solange jeder achtsam mit unseren pflanzlichen und tierischen Mitgeschöpfen umgeht. Auch wir sind Teil der Natur, nur draußen können wir das spüren.

JE NACH WETTER BIETEN sich draußen unzählige verschiedene Möglichkeiten an: Vergnügt von Pfütze zu Pfütze hüpfen (bei wem spritzt das Wasser am weitesten?) geht eben nur bei regnerischem Wetter. Und Matsch gibt es dann auch, in dem es sich so herrlich mit den Händen quatschen und zu dreidimensionalen Matschkunstwerken verarbeiten lässt. Dreckige Hände, schmutzige Kleidung, kein Problem, wozu ist die Waschmaschine denn da?

Wechselhaftes Aprilwetter (das entsteht, weil sich nun die Luft über dem Mittelmeerraum viel stärker erwärmt als in Nordeuropa und bei uns in Mitteleuropa die Wetterfronten aufeinandertreffen, was mit Chaos verbunden ist) hat auch sein Schönes: An nur einem Tag ist Ihr Körper unterschiedlichsten Witterungen ausgesetzt, was ihn stärkt und richtig fit macht. Sollten Sie so richtig nass werden, weil der Regen gar zu plötzlich und heftig eingesetzt hat, gönnen Sie sich zu Hause ein duftendes Fichtennadelbad (dazu brechen Sie am besten noch ganz rasch die frisch grünen Neutriebe aus), gern mit der ganzen Familie: Wohlig steigt die Wärme in Ihren Körper.

DRECKIGE HÄNDE, SCHMUTZIGE KLEIDUNG, KEIN PROBLEM

← **EIN REGENBOGEN** spannt sich über den Himmel. Je tiefer die Sonne steht, umso höher ragt er hinauf. Regnet es bei Sonnenschein, suchen Sie rasch ein Plätzchen auf, an dem Sie die Sonne im Rücken haben: Dann sehen Sie den schillernd rot-gelb-grün-blauen Bogen.

↑ **ÜBER REGEN** freuen sich nicht nur die Pflanzen, sondern auch zahlreiche Tiere. Schnecken und Feuersalamander (wird auch Regenmännchen genannt) etwa verlassen nun ihre Verstecke.

↓ **MATSCH** ist ein herrliches Spielmaterial: Fußspuren lassen sich leicht erkunden – und mit dem Finger malen Sie kleine und große Herzchen ins weiche Erdreich. Leben Mehlschwalben rund um Ihr Zuhause, sammeln Sie eine flache Schale voll Matsch und bieten es – stets feucht gehalten – nun den kleinen Vögelchen zum Nestbau an.

OSTEREIER FÄRBEN

OSTERN IST DAS HÖCHSTE christliche Fest, ein Freudenfest zu Ehren des Lebens, das stärker als der Tod ist. Wir feiern es bunt, mit einem Osterblumenstrauß, mit Ostereiern, mit einem Osterpicknick im Freien, mit bunten Gedanken. Bunt ist Vielfalt, so wie das Leben.

NATÜRLICHE FARBEN aus Pflanzen sind zwar nicht so kräftig wie künstliche, dafür bleibt das Eiweiß im Inneren der Ostereier aber schön weiß. Blasen Sie frische Bio-Eier aus oder kochen Sie sie etwa 10 Minuten lang (vorher anpieksen).

Mit Essigwasser abwaschen (leuchtende Farben) und für 30 Minuten ins Farbbad geben (kalter Tee, Saft oder Sud). Herausholen, auf einem Küchenkrepp abtropfen lassen und mit etwas Butter oder einer Speckschwarte glänzend reiben. Sie können die Eier mit kleinen getrockneten Blüten oder Blättchen verzieren.

6

2

1

ROTE FARBEN
bekommen Sie mit Malventee, Saft von Roter Bete (**1**), Rotkohl (**2**) und Schwarzer Johannisbeere (Cassis). Heidelbeeren- und Holunderbeerensaft färben blau, Kamillenblütentee (**3**), Karottensaft (**4**), ausgekochte Zwiebelschalen (**5**) gelb bis orange und grüne Farben erhalten Sie mit Matetee oder ausgekochten Spinat- und Petersilienblättern (**6**).

WEIL DAS FÄRBEN so viel Freude gemacht hat, legen Sie doch gleich draußen ein Ostereierfarbenbeet an. Dort wachsen all die Pflanzen, aus denen Sie die Farben fürs nächste Jahr gewinnen.

↑ **DER GRÜNFINK** leuchtet grünlich gelb und baut nun im dichten Geäst sein Nest.

↗ **BUCHFINKEN** singen in jeder Region etwas anders, den regionalen Dialekt lernt der Sohn vom Vater.

↪ **DIE AMSEL** (hier ein Männchen) nimmt gern ein erfrischendes Bad in der Schüssel: So bleiben die Federn sauber!

→ **ROTKEHLCHEN** Rote Brust, Kehle und Stirn, dunkle Knopfaugen – nur zum Singen seines schwermütigen Gesangs verlässt es das Gestrüpp und begibt sich in die Kronen.

↓ **DIE KOHLMEISE** ist eine eifrige Insektenjägerin auf dünnen Ästchen und Zweigen. Ihr typisches „tsitsibä" ertönt schon an den ersten sonnigen Februartagen.

GOLD IN DER KEHLE

VÖGEL ALLÜBERALL, sie leben in Garten und Park, Feld und Wald, an Teich und Bachlauf. Wie schön, um Vögel zu entdecken, müssen Sie nicht weit laufen. Nur früh aufstehen, bei Sonnenaufgang oder sogar noch etwas vorher. So früh am Morgen, wenn die Luft noch frisch und rein, die Pflanzen noch taubedeckt sind und die Menschenwelt noch leise ist, sind die Vögel am muntersten und das vielstimmige Vogelkonzert am allerallerschönsten.

VOGELGESANG GIBT es nicht das ganze Jahr über. Nur von Spätwinter bis Frühsommer singen die Männchen. Dann ist Brutzeit und die Männchen besetzen Reviere (damit der Nachwuchs auch satt wird), die sie mit ihrem Gesang für Artgenossen markieren. Andere Männchen sollen fern bleiben, Weibchen aber dürfen hinein. Für unsere Ohren klingen diese Reviergesänge lieblich und fröhlich: zuhören, genießen!

WEIT HÖRBAR schmettert der winzige Zaunkönig aus dem Gebüsch, auf der Baumspitze flötet eine Amsel ihre sehnsüchtigen Melodien, ein Buchfink (nach der Amsel der häufigste Brutvogel) ruft so etwas Ähnliches wie „wü-wü-wü-würzgebi-eer" und wer tönt da so feierlich aus dem Geäst? Ihr Blick folgt Ihrem Gehör und Sie erkennen an der roten Brust: Aha, ein Rotkehlchen. Jede Vogelart hat ihre typischen Gesänge und Strophen, an denen Sie die Arten erkennen können. Und wenn Ihr akustisches Gedächtnis so schlecht ist wie meines, nehmen Sie Vogelbestimmungsbuch und TING-Stift zur Hand – so macht das Lernen der Vogelstimmen richtig Freude und geht ganz einfach!

BRECHEN SIE EINFACH Ihr (sonntägliches) Muster von ausschlafen – spät aufstehen – Bad – frühstücken und stehen Sie einmal mit den ersten Vögeln, den Hausrotschwänzen, etwa 90 Minuten vor Sonnenaufgang auf. Versuchen Sie bei der Morgenpirsch, mit Ihrer Umgebung zu verschmelzen, durch langsames Tempo, wenig Bewegungen, gedeckte Kleidungsfarben – Vogelstimmen dienen auch der Warnung vor möglichen Gefahren (Sie zum Beispiel). Erleben Sie mit Ihrer Familie, wie nach und nach mehr Vögel wach werden und mit ihren arttypischen Melodien in das morgendliche Vogelkonzert einstimmen: Ringeltaube, Amsel, Rotkehlchen, Kohlmeise, Buchfink, kurz nach Sonnenaufgang Grünfink und später der Star. So erfahren Sie auch, wo welche Vogelarten leben.

EIN BLICK ZUM HIMMEL: Rabenkrähen verscheuchen mit heftigen Luftattacken einen Bussard aus der Nestumgebung, ein Schwarm Finken oder Drosseln kehrt heim – und vielleicht entdecken Sie ja auch das „V" von Gänsen oder gar Kranichen.

ERLEBEN SIE,
WIE NACH UND NACH
MEHR VÖGEL
WACH WERDEN

EINE SCHWALBE

MACHT NOCH keinen Sommer, viele Schwalben (und Mauersegler) dagegen schon. Heißen wir sie herzlich willkommen bei uns, schließlich haben sie eine lange Reise aus dem südlichen Afrika hinter sich. Wann haben Sie die erste Schwalbe des Jahres gesehen? Und wann die letzte?

ZWEI SCHWALBENARTEN

leben in unseren Siedlungen – die Rauchschwalbe mit dem tief gegabelten Schwanz und die Mehlschwalbe mit der weißen Stelle oberhalb des Schwanzes (Biologen nennen diese Stelle „Bürzel"). Mauersegler sind trotz ihrer ähnlichen Lebensweise keine Schwalben. Sie kommen erst im Mai zu uns, fallen auf durch ihre schrillen „sriih"-Rufe und gewagten Flugmanöver.

MEHLSCHWALBEN KLEBEN

ihre Lehmnester dicht an dicht direkt unter die Dachtraufe. Daher können Sie den kleinen Mückenjägern auf zweierlei Weise helfen: Halten Sie eine lehmige Bodenstelle mit einer Gießkanne ständig feucht und werden Sie selbst zum Lehmnestbauer. Dazu rühren Sie mit wenig Wasser aus zwei Teilen Stuckgips und einem Teil Sägemehl einen festen Teig, zu dem Sie noch etwas pulverisierte Grillkohle mischen. Daraus formen Sie ein viertelkugelförmiges Nest (Wandstärke: ca. 1,5 cm), trocknen lassen, auf ein Holzbrett kleben und unter der Dachtraufe anbringen. 50 cm unterhalb des Nests schrauben Sie noch ein 25 – 30 cm tiefes Holzbrett an (zum Schutz der Hausfassade). Lehnen Sie sich zurück, schauen gen Himmel und freuen sich an den Schwalben, die mit so viel Leichtigkeit kleine Mücken „pflücken".

1 RAUCHSCHWALBEN erkennen Sie am tief gegabelten Schwanz.

2 LEHM ist das Material, aus dem Schwalben (hier eine Mehlschwalbe) ihre Nester bauen.

3 DICHT UNTER der Stalldecke wachsen die putzigen Jungen der Rauchschwalben heran. Nun wissen Sie, woher der Zweitname Stallschwalbe kommt ….

HIER WACHSEN EINMAL DIE WILDBIENCHEN HERAN

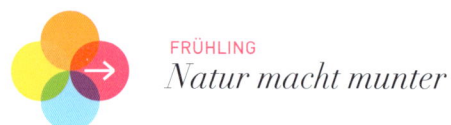

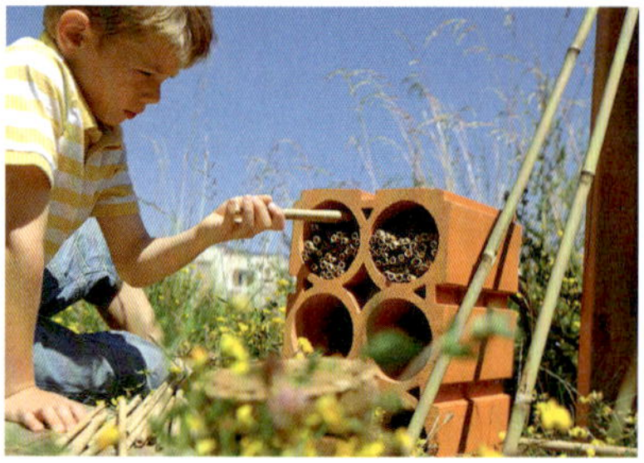

HOTEL „BIENENRUH“

WIE REICH unsere heimische Natur an Insekten ist, zeigen uns viele Vögel: Schnäpper, Grasmücke und Piper fliegen jedes Jahr viele Tausend Kilometer aus dem Süden zu uns, weil es bei uns so viel mehr Nahrung für die Brut (und weniger Konkurrenz) gibt als am Mittelmeer oder in Afrika. Auch Igel, Fledermäuse, Eidechsen, Libellen, Spechte und viele andere Tiere ernähren sich von Insekten. Grund genug, alles zu tun, damit die Vielfalt an Insekten erhalten bleibt!

IHR BEITRAG DAZU ist einfach. Sie verzichten auf Insektizide, erhalten „wilde“ Pflanzenecken, pflanzen viele verschiedene heimische Gewächse (Blumen, Sträucher, Bäume), und: Sie bauen ein wunderschönes Insektenhotel.

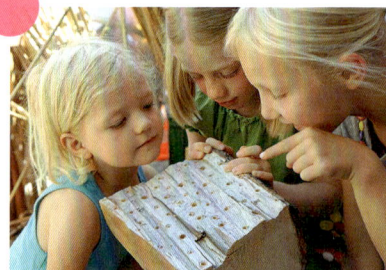

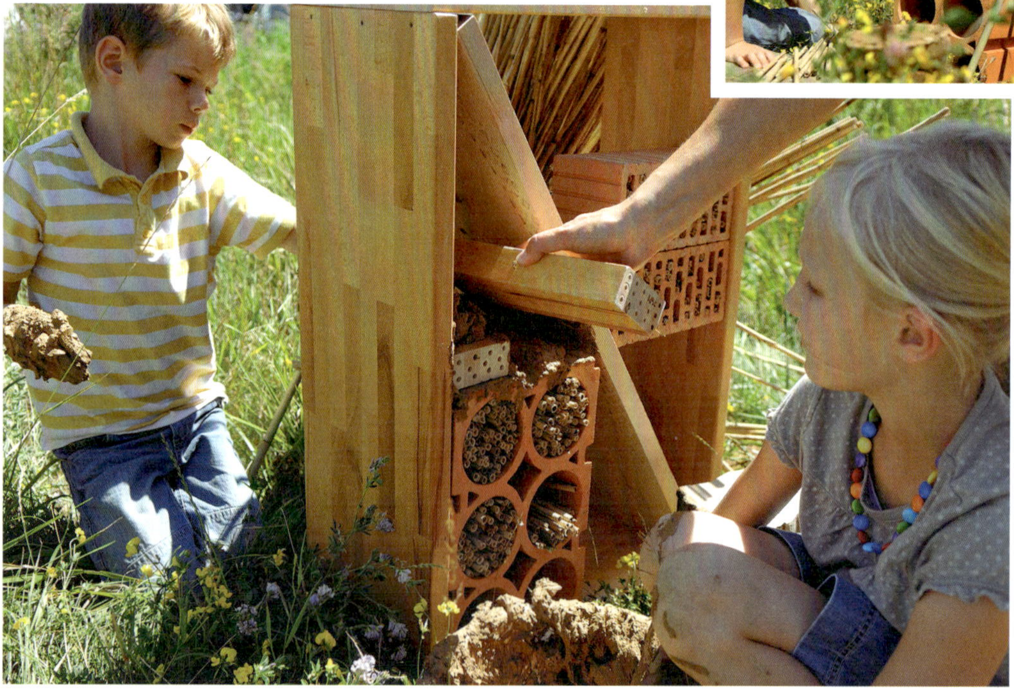

INSEKTENFREUNDE

EIN HOTEL IST leicht gebaut, schon die Jüngsten helfen beim Bau mit. In einen Holzrahmen kommen: einige Loch- und Gitterziegel, Bündel aus bleistiftlangen Schilf-, Stroh- und Bambushalmen, Hartholzblöcke mit zwei bis zehn Millimeter starken Löchern, ein altes Tonrohr mit einem Gemisch aus Ton und gehäckseltem Stroh, eingerollte Schilfmatten, alte Äste und Holzscheite, trockene Holunder-, Brombeer- und Himbeerzweige, Blumentöpfe mit Holzwolle oder Ton (Löcher reinbohren, dann trocknen lassen). Wenn Sie nun noch ein schmales Sandbeet am Sockel Ihres Haus anlegen und Nistkästen für Marienkäfer, Hornissen und Florfliegen aufstellen, haben Sie Wohnraum für Insekten geschaffen.

INSEKTENHOTEL

Ganz viel Wohnraum für Wildbienen

← ↑ IN DIESEM MEHRSTÖCKIGEN HOTEL, das Sie aus Hartholzstücken, Tontöpfen, Lehm, Ziegelsteinen und verschiedenen Halmen selbst bauen können, gibt es ganz viel Wohnraum für Wildbienen. Sie legen ihre Eier zusammen mit einem nahrhaften Pollenbrei hintereinander in die dünnen Schilfhalme, Ziegel- und Holzbohrlöcher. Zuerst schließt aber nicht die Larve im hintersten Ei ihre Entwicklung ab, das zuerst gelegt wurde, sondern die Vorderste.

→ EINE MAUERBIENE erkundet ein Loch im Holz: Ob es wohl für die Brut geeignet ist?

→ → FLORFLIEGEN sind in Gärten gern gesehen, denn ihre Larven (die aus kleinen weißen Eiern schlüpfen, die wie Luftballone am langen Stiel auf Blättern kleben) sind gefürchtete Blattlausjäger und vertilgen jede Woche bis zu 100 Läuse. Das Florfliegenhotel ist leicht gebaut: Stopfen Sie Stroh in ein mit ein paar kleinen Öffnungen versehenes Holzkistchen von der Größe einer Schuh-schachtel.

EINMAL KÖNIGIN SEIN

LIEBEN SIE Erbsen, Bohnen oder Senf? Dann sollten Sie ein Herz für Hummeln haben. Denn diese – und zahlreiche Pflanzen mehr – werden fast ausschließlich von Hummeln bestäubt. Und damit es auch in diesem Jahr ausreichend Hummelvölker gibt, sorgen Sie besonders gut für die dicken Königinnen, die ab dem zeitigen Frühjahr unterwegs sind.

ANDERS ALS BEI Honigbienen überleben nur die begatteten Hummelweibchen den Winter. Alle anderen Arbeiterinnen und Männchen sterben spätestens bei den ersten Herbstfrösten. Das ist auch bei Hornissen und anderen Wespenarten so. Im Frühjahr verlassen die großen Hummelköniginnen ihre Verstecke und gehen dank ihres dicken Pelzes schon bei kühlen Temperaturen auf Nektar- und Pollensuche. Ihnen zuliebe belassen Sie die üppig blühenden Weidekätzchen am Baum und pflanzen frühblühende Sträucher an.

WUNDERN SIE SICH NICHT, wenn eine Hummelkönigin in einem Mauseloch, Totholzhaufen, Nistkasten oder einer Trockenmauer verschwindet. Sie ist auf Wohnungssuche. Eine Wohnung können Sie ihr auch anbieten und Grundstock legen für den diesjährigen bis zu 600 Arbeiterinnen umfassenden Hummelstaat. Sie erhalten Hummelkästen im Naturschutzhandel oder Sie graben einen tönernen Blumentopf umgekehrt in den Boden ein, eine Steinplatte schützt das Nest vor Überflutung.

1 SO LANG ist der Saugrüssel einer Hummel! Pollenkörner, die am Körper hängen bleiben, werden mit den Hinterbeinen in die Höschen gebürstet.

2 AM SCHICKEN gelb-schwarzen Pelz mit weißem Popo erkennt man die Erdhummel, eine unserer häufigsten und größten Hummelarten.

3 ZART EINGEPUDERT mit nahrhaftem Pollen – am dichten Hummelpelz bleibt viel gelber Blütenstaub hängen.

↑ AN DER BRAUNEN WARZENHAUT ist die Erdkröte, unsere größte Lurchart, gut zu erkennen. Das kleinere Männchen reitet gern huckepack auf dem Weibchen, bei der Paarung und auf dem Weg zum Laichgewässer. Wenn der Teichfrosch quakt, erscheinen rechts und links von der Mundspalte zwei Schallblasen, die wie Kaugummiblasen aussehen.

→ JEDER LURCH beginnt sein Leben in einem Ei – eine gallertige Masse ohne Eischale. Nur zur Paarung und zum Laichen kommt der Grasfrosch an ein Gewässer.

↓ IM SOMMER haben sich die Kaulquappen zu Minifröschen und Minikröten verwandelt, die nun die Gewässer verlassen. Die Gelbbauchunken fühlen sich auch in kleinsten Wassertümpeln wohl. Der Teichmolch sieht wie ein kleiner bunter Drache aus.

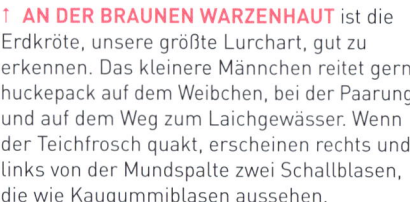
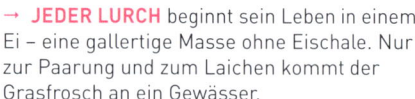
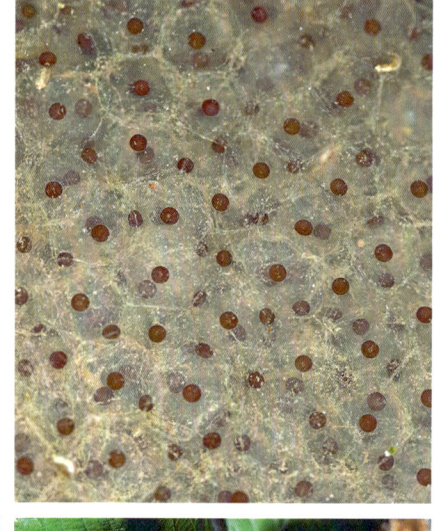

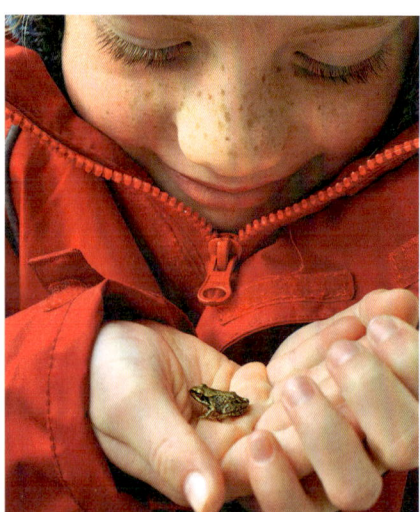

REGEN BRINGT KRÖTENSEGEN

WENN DIE FROSTIGEN Nächte im März, manchmal auch schon im Februar, vorbei sind, bekommen Kröten, Frösche und Molche Frühlingslaune: Sie verlassen ihre Winterquartiere und ziehen zu dem Gewässer, in dem sie Jahre zuvor selbst aus dem Ei geschlüpft sind. Dort treffen sich die nun geschlechtsreifen Tiere, um sich zu paaren und Eier zu legen.

DER WANDERZUG der Lurche geschieht eher klamm und heimlich, denn die wechselwarmen Tiere bevorzugen feuchte Nächte bei Temperaturen über 5 Grad. Teichmolche haben es besonders eilig. Sie sind oftmals die ersten Lurche, die am Laichgewässer eintreffen. Es folgen die Grasfrösche, die manchmal auch im Gewässer überwintern. Wenn dann im März die Erdkröten ankommen, nicht hüpfend wie Frösche, sondern watschelnd im gemütlichen Tempo, sind die Grasfrösche oft schon nicht mehr da: Sie haben ihre großen Laichballen mit bis zu 4.000 Eiern schon abgesetzt und verbringen den Sommer

an Land. Erdkrötenmännchen reisen gern bequem auf dem Rücken eines größeren Weibchens. Wer kann es ihnen verdenken, wandern die bis zu 11 cm großen Erdkröten jedes Frühjahr bis zu 2 km weit, manchmal sogar noch weiter.

IM WASSER UMKLAMMERN die Männchen dank ihres übermächtigen Fortpflanzungstriebs alles, was ihnen in den Weg kommt: Nicht nur Weibchen, die es in deutlicher Unterzahl gibt, sondern auch andere Männchen, tote Fische oder faulende Pflanzenreste. Manchmal stürzen sich sogar bis zu 15 Männchen auf ein einziges Weibchen. Kröten legen ihre Eier in bis zu 5 m langen Schnüren mit bis zu 8.000 Eiern ab, Frösche in großen Ballen und Molche einzeln an Wasserpflanzen. Grasfrösche und Kröten verschwinden danach sofort aus dem Gewässer, Molche erst Ende Juli. Zwei bis drei Wochen später schlüpfen aus den Eiern die Kaulquappen, die sich im Lauf der nächsten zwei bis drei Monate zu jungen Minilurchen

entwickeln und im Sommer das Gewässer verlassen.

KRÖTEN HELFEN Auf ihren Wanderungen überqueren Kröten auch verkehrsreiche Straßen, drum die aufgestellten Warnschilder. Langsam fahren heißt es dort. Unterirdische Tunnel oder Krötenzäune halten die Tiere vom gefährlichen Gang über die Fahrbahn, der 15 bis 20 Minuten dauert. Erdkröten sind nicht die schnellsten … Ein Erlebnis: der abendliche Transport der Kröten über die Straße, etwa im Rahmen der NABU-„Aktion Krötenwanderung".

LEBENSWELTEN FÜR LURCHE BRAUCHEN GEWÄSSER

TIERKINDERN HELFEN

SCHEINBAR VERLASSEN
sitzt eine junge Kohlmeise am Wegesrand und ruft nach den Eltern, eine Jungdohle hüpft über den Boden und kann ganz offensichtlich noch nicht fliegen. Das rührt jedes Helferherz. Doch bevor Sie zur Tat schreiten und den vermeintlich einsamen Piepmatz retten, beobachten Sie die Situation. Wenn die Eltern noch da sind, belassen Sie das Jungtier dort, wo es ist. Erst, wenn Sie erkannt haben, dass der Findling tatsächlich Hilfe braucht, werden Sie tätig.

VIELE JUNGVÖGEL verlassen das Nest, bevor sie richtig fliegen können, denn außerhalb des Nests beginnt ihr Flugtraining. Zu diesen Ästlingen mit braungrauem Federkleid gehören häufige Singvögel wie Drosseln, Finken oder Meisen. Die Eltern sind meist in der Nähe und versorgen ihre Jungen noch, aber nur, wenn niemand in der Nähe ist. Ziehen Sie sich in ein Versteck zurück und beobachten mindestens 30 Minuten lang das junge Vögelchen. Nur wenn das Tierkind mitten

auf einem Radweg oder einer anderen gefährlichen Stelle sitzt, bringen Sie es an den nächstgelegenen sicheren Platz. Sie dürfen den Jungvogel ruhig anfassen, Ihren Geruch nehmen die Vogeleltern nicht wahr. Entdecken Sie eine neugierige Katze in der Nähe, verscheuchen Sie sie hartnäckig (ideal wäre ein Hausarrest für Katzen während der Jungvogelzeit).

MANCH VORWITZIGER Nestling fällt aus dem Nest. Finden Sie einen solchen nackten oder wenig befiederten Jungvogel, versuchen Sie erst, ihn ins elterliche Nest zurückzusetzen. Das ist erfolgreicher als die Aufzucht in menschlicher Obhut. Geht das nicht, weil Sie das Nest nicht finden oder weil es im unerreichbaren Baumwipfel liegt, setzen Sie den Vogel in einen Pappkarton, packen Sie ihn warm ein und bringen ihn sofort in eine Auffangstation für junge Vögel. Eine Adresse erfahren Sie im Tierheim. Vogelbabys brauchen spezielle Nahrung – und das fast rund um die Uhr viele Tage (oder gar Wochen) lang.

EINE EISCHALE liegt auf dem Weg. Ist sie innen sauber, so haben die Vogeleltern die Schalen nach dem Schlupf aufgeräumt. Ist sie innen blutig oder mit Eigelb bekleckst, so waren Vogelräuber am Werk: Eichhörnchen, Igel, eine Katze oder auch Rabenvögel.

ACHTUNG GLASSCHEIBE!
Vögel können keine Fensterscheiben sehen und noch tückischer sind die modernen reflektierenden Scheiben. An diesen unsichtbaren Hindernissen sterben jährlich Millionen Vögel. Finden Sie einen solchen Vogel, bringen Sie ihn an einen katzensicheren Ort. Machen Sie dann Ihre Fensterscheiben insbesondere in der Nähe von Nistkästen, Wassertränken und Futterhäusern für Vögel sichtbar – durch Glasmalereien, flächige Dekorationen oder durch Zeichnungen mit einem speziellen UV-Stift. Eine vereinzelt aufgeklebte Greifvogelsilhouette schützt hingegen nicht.

↑ **GROSS UND BREIT** sind die Schnäbel der immerzu hungrigen Blaumeisenküken, die auf ihre nächste Mahlzeit (Blattläuse, kleine Räupchen, in menschlicher Obhut auch Beo-Perlen) warten.

← **AUS DIESEM EI** ist kürzlich ein Amselküken geschlüpft. Mama hat das napfförmige Nest schon aufgeräumt und sorgsam die leere Eischale irgendwo draußen entsorgt.

↓ **DAS NEST** ist schon fast zu klein für die drei jungen Amseln, die bald flügge sind. Dann heißt es Flugstunden nehmen und fleißig üben. Wenn dann nur keine Katze daherkommt …

SOMMER
Wärme und Sonne allüberall

SOMMERSONNE!

Lange haben wir auf die schönste Jahreszeit gewartet. Das Naturjahr ist auf dem Höhepunkt – wo Sie auch hingehen, entfalten sich Blüten, Früchte und Samenstände aufs Schönste und große und kleine Tiere kreuzen unermüdlich Ihren Weg. Die Natur lädt uns ein zum Baden, Nachtwandern, Spazierengehen über bunte Blumenwiesen, zu Pflanzaktionen vor der Haustür, zu gemütlichen Runden am Feuer und lauschigen Momenten auf einer schattigen Bank oder am erfrischend kühlen Gewässerufer. Kosten Sie nun jede Minute draußen aus, dort, wo das Leben pulsiert, und tanken Sie Luft und Sonne für den Herbst und den langen Winter.

GRÄSER –
Warum nicht einmal
einen Strauß pflücken?

SONNENGELB

1 *KRABBENSPINNE* Perfekt getarnt im gelben Panzer überrascht sie sogar Beutetiere, die größer sind als sie selbst, Schmetterlinge etwa oder wehrhafte Bienen.

2 *SONNENBLUMEN* Tournesol heißen die gelben großen Blütenscheiben in Frankreich, weil sie ihre blühenden Köpfe der Sonne zuwenden.

3 *LÖWENZAHN* Ein Kranz aus gelben Blüten ziert Haare, aber auch sommerliche Tisch- und Fensterbankdekorationen.

4 *GROSSES SPRING-KRAUT* Aus den gelben Trichterblüten entwickeln sich grüne Fruchtkapseln, die plötzlich bei der leichtesten Berührung aufplatzen. Nicht erschrecken!

5 *GOLDNESSEL* Keine Angst vor diesen brennnesselähnlichen Blättern, sie besitzen keine giftigen Brennhaare.

6 *GELB* wie die Sonne ist die Farbe des Sommers. Gelb schenkt Wärme und Licht, das wir nun zur Genüge tanken.

7 *GRASÄHREN* In goldgelbes Licht getaucht, tanzen sie in der heißen Sommerluft.

8 *WIESENMARGERITE* Goldgelb das Zentrum, strahlend weiß die zungenförmigen Randblüten.

9 *GETREIDEFELDER* Mitten im Sommer erinnert die leuchtend gelbe Farbe der ersten abgemähten Felder an den bevorstehenden Herbst.

10 *BIENE*, Hummel und Co.: Noch gibt es Nahrung in Hülle und Fülle für sie, süßer Nektar und gelber Pollen.

BÄUMEN BEGEGNEN

SEIT MENSCHENGEDENKEN haben Bäume für uns eine besondere Bedeutung. Bäume stehen uns auf so vielfältige Weise zur Seite, liefern Holz und Früchte, verbessern Luft und Boden, heilen uns durch ihre Substanzen und Anwesenheit. Manche Bäume sind sogar wahrhaft magisch. Vielleicht kennen Sie ja sogar solch eine Baumpersönlichkeit.

INTERESSANTERWEISE fühlen wir Menschen uns dort besonders wohl, wo der Wald in eine parkähnliche Landschaft mit Bäumen übergeht. In solch einer Landschaft haben sich die Menschen einst entwickelt – und so gibt es wohl tief in uns eine Erinnerung: starke Bäume schützend im Rücken und den Blick nach vorne in die offene Landschaft gewandt. Suchen Sie den Waldrand auf. Lernen Sie dort ein paar Bäume kennen, aus der Sicht des Botanikers, aus der Sicht des Heilers und der des Künstlers, aus Ihrer ganz persönlichen Sicht.

DIE ESCHE (*Fraxinus excelsior*): Von den Kelten als Weltenbaum verehrt steht die Esche im religiösen Mittelpunkt vieler Kulturen der Alten Welt. Aus ihrem Holz wurden nicht nur die besten Speere, sondern auch wirksame Zauberstäbe gegen böse Magie gefertigt. Vielleicht spüren Sie die Kraft dieses Baumes, wenn Sie sich an seinen Stamm lehnen. Bis zu 1.000 Jahre alt kann dieser bemerkenswert sturmfeste Baum werden, der tief mit der Erde verwurzelt ist, seit Kurzem aber von tödlichen Pilzen heimgesucht wird. Legen Sie ein paar frische Eschenblätter unter Ihr Kopfkissen, so reisen Sie in angenehme Traumwelten.

DIE STIEL-EICHE (*Quercus robur*): Knorrig trotzt die Eiche, Nationalbaum Deutschlands, den Stürmen des Lebens. Man sieht es den majestätischen Bäumen an, dass sie uralt werden – die ältesten bekannten Eichen sind fast 2.000 Jahre alt. Ebenso viele Tierarten finden auf der Eiche Schutz, Nahrung und Brutplätze. Tanken Sie die Kraft der Eiche, wenn Sie im Leben „Ihren Mann stehen" müssen.

DIE BIRKE (*Betula pendula*) ist ein schneller Baum. Sie besiedelte nicht nur Europa als eine der ersten Baumarten nach der letzten Eiszeit, sondern auch jede freie Fläche. Wen wundert's bei so viel Wuchsfreude, dass dieser filigrane Baum ein Symbol für den Frühling ist.

DIE ROT-BUCHE (*Fagus sylvatica*): Geht es Ihnen auch so? Das glatte silbergraue Holz lädt geradezu ein, die Hände draufzulegen. Tun Sie's – und im zeitigen Frühjahr legen Sie auch noch Ihr Ohr (und ein Stethoskop) darauf. Haben Sie den richtigen Zeitpunkt erwischt, hören Sie, wie glucksend die Baumsäfte aufsteigen, über 50 Liter am Tag! Buchenwälder wirken wie Kathedralen, in denen die Stämme wie Säulen das Blättergewölbe tragen.

DIE SCHWARZ-ERLE (*Alnus glutinosa*): Auf ihrem Holz errichteten unsere Vorfahren Pfahlbauten an Seeufern. Nach dem Fällen scheinen Erlen zu bluten, denn das weiße Holz verfärbt sich an der frischen Luft intensiv rotorange.

↰ **SCHWARZ-ERLEN** sind nah am Wasser gebaut, denn ihre Wurzeln vertragen problemlos Staunässe.

↖ **STIEL-EICHE** Knorrig trotzt sie den Stürmen des Lebens, denn sie kann 2.000 Jahre alt werden.

↑ **ROT-BUCHE** Die silbergrauen glatten Stämme ragen wie Säulen in die Höhe und tragen das filigrane Blättergewölbe.

← **KRAFTVOLLE LEBEWESEN** wie Bäume stehen aufrecht wie wir Menschen. Ihre Wurzeln finden stabilen Halt im Erdboden, ihre Kronen wachsen zum Licht empor – Sinnbild auch für ein schönes Menschenleben.

↓ **BIRKEN** sind rasch wachsende Bäume, die sofort frei werdende Flächen, aber auch Regenrinnen und Blumentöpfe erobern.

BLÜTENSCHMUCK

DIE NATUR ist der schönste Künstler – und mit den Blüten hat sie ihr Meisterstück hingelegt. Bunte Blumen verzaubern mit ihren Farben, ihrem Duft und ihrer Schönheit unsere Seele, heitern auf und machen einfach gute Laune. Blüten sind so herrlich schön und bunt, duften fein und bieten süßen Nektar an (den Sie als Honig aufs Butterbrot streichen), damit Insekten angelockt werden und männliche Blütenpollen zu den weiblichen Narben transportieren. Nur so können Samen gebildet werden, über die sich die Blütenpflanzen vermehren.

MIT HERRLICHEN BLUMEN lassen sich wunderschöne Kränze oder Zöpfe binden, die Tür und Tisch, Fensterbank und sogar Ihr Haupt schmücken. Je nach Jahreszeit leuchten darin frühlingshafte Veilchen und Sternmieren oder sommerlicher Rotklee und Margeriten. Auch im Herbst und sogar im Winter finden Sie draußen schmückende Blüten (Gänseblümchen).

ZUR FREUDE IHRES GAUMENS
schmecken zahlreiche Blüten
auch noch gut, in Joghurt
und Eis, Obst- und Blattsalat,
Saftbowle, Salat und Honig, auf
Butterbrot, Crêpe und Kuchen,
in Eiswürfel gefroren, mit Zu-
cker kandiert oder gar getunkt
in flüssige Schokolade. Lecker!

Diese Blüten eignen sich dafür:
Gänseblümchen (mild nussig),
Veilchen (lieblich), Borretsch
(würzig), Kapuzinerkresse
(pikant scharf), Kornblume
(leicht salzig), Ringelblume

(zart), Malven, Rosen (lieblich),
Klee (fein süßlich), Schwarzer
Holunder (fruchtig), Wegwarte
(leicht bitter), Gundermann
(minzig), Huflattich (honigfein)
und viele mehr.

WEIL SCHMETTERLINGE,
Bienen, Fliegen und andere
Insekten auch auf Blüten
stehen, pflücken Sie diese nur
achtsam in der freien Natur.

↑ **ZUM GLÜCK** wächst der trittfeste Breitwegerich fast überall, wo Menschen gehen,
so auch in Pflasterritzen und auf stark
begangenen Grünflächen.

→ **AUA, MEIN FUSS TUT WEH.** Schuhe und
Socken aus, rasch ein Wegerichblatt gepflückt
und auf die schmerzende Stelle legen.

↓ **KAMILLENBLÜTEN** sind ein herrliches
Heilmittel und schon lang bekannt. Sie helfen
bei Bienenstichen und auch als Tee bei
Magen- und Darmbeschwerden.

ERSTE-HILFE-PFLÄNZCHEN

PFLANZEN SIND wundervolle Wesen. Sie sind grün, haben bunte Blüten und leckere Früchte – und sind wahre Apotheken. Mehr Wildpflanzen als Sie sicherlich vermuten enthalten wertvolle Substanzen, die heilend auf unseren Körper (und unsere Seele) wirken. Wie praktisch, dass ausgerechnet die Wildkräuter fast überall wachsen, die Ihnen bei kleinen Malheurchen unterwegs sofort helfen können. Wenn die Füße müde sind oder eine Blase sich bemerkbar macht, hilft Breitwegerich. Pfefferminze tut gut, wenn die Muskeln verspannt sind.

SO GEHT'S Ein paar ganz saubere Blätter pflücken, zu einem Knoten binden, zwischen den Handflächen zerreiben und den frischen Blättersaft direkt auf die betroffene Stelle geben.

Ein anderes Wunderheilmittel haben Sie immer dabei: Ihre Spucke! Tatsächlich beschleunigt Speichel die Heilung von Kratzern und Schürfwunden, wie wissenschaftliche Untersuchungen zeigen (die dem Grund nachgegangen sind, wieso Verletzungen im Mundraum schneller heilen als am restlichen Körper). Das Histamin im Speichel ist die Lösung.

DIESE BLÄTTER WIRKEN

Wenn die Haut juckt nach Insektenstich oder Brennnesselkontakt	Gänseblümchen, Spitzwegerich, Gundermann, Melisse, alle Minzen, Hauswurz, Schwarze Johannisbeere, Walnuss, Quark (aus der Vesperdose)
Wenn eine Biene oder Wespe gestochen hat	Kamillenblüten, Zwiebeln, Knoblauch, Zitronen- oder Gurkensaft (aus der Vesperdose)
Wenn Kühlung guttut	Sauerampfer, Pfefferminze
Stoppt blutende Stellen	Schafgarbe, auch Kamillenblüten oder Ringelblumen
Lindert leichten Sonnenbrand	Brennnessel
Zum Desinfizieren	Spitzwegerich

MEHR GRÜN VOR DER TÜR

ÖDE WEGRÄNDER, trostlose Baumscheiben, triste Hinterhöfe – kennen Sie das auch rund um Ihr Zuhause? Dann machen Sie's wie die Guerilla Gärtner in vielen Städten und Gemeinden: Mit Blumensamen und Jungpflanzen verwandeln Sie die trostlosen Brachflächen in grün-bunte Oasen. Das geht ganz einfach: Auf den Samentütchen steht, wann und wie Sie die Samen aussäen. Jungpflanzen oder Teilstücke von Stauden aus Ihrem Garten setzen Sie einfach in die Erde. Auch selbst gewonnene Samen kommen zum Einsatz. Ist das Erdreich festgetreten, so lockern Sie es erst mit einer Gartenharke auf. Danach überlassen Sie den Pflanzennachwuchs natürlich nicht sich selbst, sondern gießen und pflegen das junge Grün. So lernen auch die Kleinen schon Verantwortung zu übernehmen.

MÖGLICHST HEIMISCHE Blumen und Wildkräuter sollten Sie für Ihre grünen Aktionen auswählen. Denn dann tun Sie nicht nur Ihrem Auge und Gemüt etwas Gutes, sondern auch den Käfern, Wildbienen, Schmetterlingen und anderen Krabbeltieren. Aus diesem Grund belassen Sie auch einige Brachflächen so wie sie sind. Dort fühlen sich Eidechsen, Blindschleichen und brütende Nachtigallen wohl. Im Siedlungsraum herrscht eine große Vielfalt an heimischen Tieren und Pflanzen. Verbinden Sie die Pflanzaktion mit einer Kennenlernrunde: Welche Wildkräuter sprießen denn in Fugen und Spalten auf Gehsteig und Pflaster? Belassen Sie sie dort, so starke Pflanzen haben unsere Hochachtung verdient.

URBANES GÄRTNERN wird nicht umsonst immer beliebter. Es bietet die Möglichkeit für tolle grüne Pflanzerlebnisse (etwa Sonnenblumen säen auf dem Weg zu Schule und Arbeitsstätte), gemeinsam mit Nachbarn und Freunden. Und sogar Salat, Karotten, Kartoffeln und anderes Bio-Gemüse und -Obst ernten ist möglich: Vorbild sind die Berliner Prinzessinnengärten oder die Münchner Krautgärten.

GÜNSTIGERWEISE holen Sie sich vor der Bepflanzungsaktion eine Erlaubnis beim Grünflächenamt oder bei Hausverwaltungen. Dank sinkender Gemeinde- und Stadtetats ist das meist eine leichte Übung. So ersparen Sie sich und Ihren Lieben manchen Frust, etwa weil Stadtgärtner das frisch eingesäte Stückchen Land aus Unkenntnis vor Ihrem Haus umjäten. Wenn Sie zudem noch wissen möchten, ob die nächstgelegene Brachfläche für die Natur einen besonderen Wert hat, fragen Sie beim für den Naturschutz zuständigen Amt nach der Biotop-Kartierung.

TOLLE GRÜNE PFLANZERLEBNISSE GEMEINSAM MIT FREUNDEN

EIN TAG AM SEE

Unter der Wasseroberfläche tummeln sich unzählige Tiere

← **IN EINEM EIMER** können Sie die mit einem Kescher vorsichtig aus dem Wasser gehobenen tierischen Bewohner gut beobachten.

→ **AUS DIESER LARVENHÜLLE** ist die Libelle schon geschlüpft, wie die weißen „Fäden" im Brustteil verraten: Libellenlarven jagen am Gewässergrund. Wenn sie ausgewachsen sind, klettern sie an die Luft – denn dies ist das Reich der Libellen.

↪ **SPÜRT DER WASSERLÄUFER** eine zarte Erschütterung der Wasseroberfläche (etwa von einer Mücke), saust er wie ein Schlittschuhläufer davon.

↓ **DAS RUNDE TROMMELFELL** des Froschs ist deutlich sichtbar: Wer laut quakt, muss auch gut hören können.

NATURLUST AM WASSER

TEICHE UND SEEN sind im Sommer voller Leben. Zwischen den Pflanzen im Wasser und am Ufer finden unglaublich viele Tiere Nahrung und Schutz. Und wenn die Sonne heiß herunterbrennt, macht dort Naturerkunden noch mehr Freude: Ein kurzes Bad im frischen Wasser bringt reichlich Abkühlung.

GANZ LEICHT können Sie und Ihre Kinder Tiere im und am Wasser entdecken. Suchen Sie dazu einfach verschiedene

1 VIEL GEDULD braucht, wer mit Angel und Haken auf Fischjagd geht. Das Plus beim Warten sind unvergessliche Tierbeobachtungen und Naturerlebnisse.

2 AUF DER BLATTUNTERSEITE von Teich- und Seerosenblättern finden Sie (für uns) harmlose Pferdeegel, Wasserschnecken und deren schleimige Eiballen.

3 DA WAR DER KLEINE FROSCH. Nun hat er sich zwischen Wasserpflänzchen versteckt.

Plätze am Ufer auf. Grünfrösche sind schon mit einem lauten Platsch ins Wasser gehüpft, bevor Sie sie überhaupt wahrgenommen haben. Gehen Sie also noch vorsichtiger – vielleicht spüren Sie die grünen Quaker noch vor ihrem Sprung auf. Libellen schießen am Ufer entlang oder ruhen sich auf einem Blatt oder Halm aus. Ihre Larven leben viele Jahre am schlammigen Gewässergrund und räubern in der Zeit ihre Beute – vom Wasserfloh bis zum kleinen Fisch. Zwischen Wasserpflanzen tummeln sich die Larven der Köcherfliegen (die Tiere sehen Sie kaum, dafür aber ihre schultütenförmigen Köcher aus Pflanzen, Steinchen und anderem Material), Molche, Rückenschwimmer (Achtung, können stechen!) und viele andere Wassertiere. Vorsichtig können Sie die wunderbaren Geschöpfe mit einem Kescher in einen (durchsichtigen) Eimer geben, im Schatten beobachten und nach spätestens 5 Minuten wieder sorgsam ins Wasser zurücksetzen.

↑ **SAND GIBT ES** in so unterschiedlichen Körnungen: Manchmal ist er rieselfein, manchmal recht grob – und manchmal auch lehmig-schlammig. Jeder Sand ergibt ganz eigene Kunstwerke: Rieselsand können Sie mit Wasserfarben färben und daraus bunte Sandbilder streuen, mit Schlamm entstehen erdfarbene Körperbilder und feuchter Sand lässt sich zu Hügelketten, tiefen Schluchten und fantasievollen Miniaturlandschaften formen.

→ **MUSCHELN SIND** herrlich: Sie schmeicheln den Händen und lassen sich zu tollen Bildern legen.

↓ **FUNDGRUBE** Nummer 1: Jede Flut trägt neue Schätze an den Strand.

NATURKUNST AM STRAND

UNENDLICH VIEL MATERIAL in unendlicher Formenfülle plus unendlich viele Räume bietet die Natur, überall, auch am Strand. Um dies wahrzunehmen, brauchen Sie nur einen offenen Blick in Ihre Umgebung. Rasch werden Sie fündig, hier herrliche Muschelschalen und angespülte Algen, dort flach abgeschliffene Steine und Treibholzäste. Mit diesen Natursachen lassen sich einzigartige Werke gestalten: Eine meterlange Schlange aus Steinen windet sich im Sand, Dünen entstehen durch das Spiel des Windes mit der Steinschlange. Flache Steine oder Muschelschalen ergeben kühne Bogenkonstruktionen, lockere Spiralen und fragile Türme. Wem gelingt der höchste?

SORTIEREN SIE DIE gefundenen Natursachen der Farbe nach und gestalten Sie damit horizontale oder vertikale Kunstwerke mit Farbverlauf. Eine schnurgerade Linie aus gleich großen Steinen oder Muschelschalen führt ins Meer oder verliert sich zwischen den Felsen. Aus Sand, Steinen,

Muscheln, Algen und Treibholz wachsen gefährliche Drachen, hochbeinige Krabben und mit Schuppen bedeckte Fischleiber am Strand. Schneckenhäuschen verzieren die Rippelwellenmuster im flachen Wasser, Treibholzboote versuchen kühn aufs Meer hinauszugelangen. Spielen am Strand: Ein kleiner Kaufladen oder Marktstand, bestückt mit den vielfältigen Naturfunden am Strand – und im „Strandlokal Gute Laune" gibt es „leckere" Spielspeisen. Mit den Fingern oder einem Stock lassen sich Kreise, grafische Zickzack- oder Wellenlinien in den Sand zeichnen, machen Sie Muster daraus. Oder eine fröhliche Botschaft an Ihre Mitmenschen: „Lebenslust" steht dann im Sand oder „Juchhu, heute bin ich glücklich!"

NATURKUNST WIRKT noch besser ohne die Fußspuren der Künstler: Verwischen Sie die Fußspuren rund um Ihr Kunstwerk mit Ihrer Hand oder einem Pflanzenbüschel oder bleiben Sie mit Ihren Füßen bei Ebbe auf dem feuchten Sand,

der von der nächsten Flut überspült wird: Wie von Zauberhand verschwunden sind dann Ihre Fußabdrücke.

SICHERLICH HABEN SIE noch viel mehr Ideen für Kunst am Sand- oder Felsenstrand. Lassen Sie sich inspirieren von den Fundstücken, von den kleinen Nischen oder großen Flächen, von Ihrer Tageslaune und aktuellen Lebensthemen. Besuchen Sie Ihre Naturkunstwerke am nächsten, am übernächsten Tag: Was wohl die Kräfte der Natur daraus gemacht haben?

EINE LINIE AUS MUSCHELSCHALEN FÜHRT INS MEER

DRAUSSEN BEI NACHT

FUNKELNDE STERNE, den „Mann im Mond" und jede Menge geheimnisvolle Geräusche – das bietet eine Nacht im Freien. Auf einer nächtlichen Wanderung, noch mehr wenn Sie auch draußen übernachten, lernen Sie die Lebewesen der Nacht kennen. Und das sind gar nicht so wenige.

DIE MEISTEN NACHTTIERE sind zwischen Sonnenuntergang und Mitternacht und dann wieder in den Stunden vor der Morgendämmerung wach. Diese Stunden sind die günstigsten für eine Nachtwanderung ohne Taschenlampe, die Augen gewöhnen sich rasch an die Dunkelheit – und wenn der Mond scheint, ist es ohnehin ziemlich hell.

EULEN UND FLEDERMÄUSE sind die bekanntesten Nachttiere. Die unheimlichen „huhu-huu"-Rufe des Waldkauzes hören Sie fast überall, denn diese häufigste heimische Eule bewohnt auch Parks und Friedhöfe. Doch es gibt noch mehr Eulen bei uns, die Waldohreule etwa, die Schleiereule oder den kleinen Steinkauz, vor dessen „kuwitt"-Rufen sich früher die Menschen gefürchtet haben (sie hörten darin das „komm mit" des Todes). Beobachten Sie um Straßenlaternen jagende Fledermäuse, so haben Sie die fast kleinste Fledermaus Europas entdeckt: die Zwergfledermaus. Dass das Tierchen nur so groß wie ein Kinderdaumen ist und so viel wiegt wie zwei Gummibärchen, sieht man ihm tatsächlich nicht an.

DOCH DIE NACHT versteckt noch mehr: Steinmarder und Igel (die laut durch das Grün streifen), Siebenschläfer und Rotfuchs, Dachs und Wildschwein, Hirsch und Reh, Ziegenmelker und Feuersalamander, Glühwürmchen und jede Menge Nachtfalter sind nun unterwegs. Na, wer hat sich heute aus seinem Versteck gewagt?

AUCH AUF DEN FUNKELNDEN Sternenhimmel sollten Sie einen Blick werfen. Erkennen Sie die Milchstraße, die im Sommer am prächtigsten ist, und das Sommerdreieck? Diese auffallende Konstellation aus drei sehr hellen Sternen (Deneb im Schwan, Wega in der Leier und Atair im Adler) steht hoch am Himmel und wurde schon in den Höhlenmalereien von Lascaux festgehalten. Der beste Monat für Sternschnuppen ist der August (Highlight: die Nacht vom 11. auf den 12. August mit bis zu 100 Sternschnuppen in der Stunde!). Wunderschöne Krater entdecken Sie mit dem Fernglas bei Halbmond. Das bekannte Mondgesicht erkennen Sie allerdings nur bei Vollmond.

NOCH INTENSIVER TAUCHEN Sie in die Nacht ein, wenn Sie draußen (ohne Zelt) in Ihren Schlafsack schlüpfen, auf Balkon, Terrasse und im Garten, auf einem Feld- oder Wiesenstück, am Ufer von See oder Meer (vorher die Besitzer um Erlaubnis bitten) oder im Wald (Förster fragen). Gegen die Kälte von unten schützt eine Isomatte oder viel Laub, gegen den Morgentau die wasserabweisende Oberfläche von Schlaf- oder Biwaksack.

↰ **WENN EINE FLEDERMAUS** etwas „sehen" will, muss sie mit geöffnetem Maul ultraschallhohe Laute ausstoßen. Hat sie es geschlossen (weil sie ein Insekt verzehrt), ist sie blind.

↑ **„KUWITT" RUFT DER STEINKAUZ** heute immer seltener aus den Obstbaumwiesen. Hängen Sie deshalb Niströhren für ihn auf.

← **WENN DIE SONNE** untergeht, wachen Lebewesen auf, die uns kaum vertraut sind: Höchste Zeit, sie kennen- und lieben zu lernen.

↲ **IGEL UND** ✓ **GLÜHWÜRMCHEN**, der eigentlich Leuchtkäfer heißt und auch einer ist, sind Bewohner von Wiesenlandschaften.

↓ **DER DACHS** strolcht im Wald umher, tagsüber verschwindet er in seiner unterirdischen und mehrstöckigen Burg.

↑ → **VERTRAUEN SIE IHRE WÜNSCHE** den Elementen an, dem Feuer der Begeisterung etwa. Wir Menschen können so viel magischer sein als wir immer denken.

↓ **STEINE SIND EIN GUTER SCHUTZ** für ein Lagerfeuer, das sich nun nicht unkontrolliert ausbreiten kann. Steine haben noch ein Plus: Sie nehmen die Wärme des Feuers an und heizen sich stark auf. Wenn dann das Feuer ausgeht, strahlen die Steine wie eine natürliche Heizung noch lange Zeit die gespeicherte Wärme ab.

FEUER MACHEN

HABEN DIE MENSCHEN vor rund 500.000 Jahren gelernt. Erst dann hatten sie nachts und in Höhlen eine Lichtquelle, die auch wilde Tiere abhielt, erhielten bekömmlichere Speisen und konnten schließlich die warmen Regionen Afrikas verlassen. Was wir Menschen wohl heute ohne Feuer wären?

DIE ERINNERUNG AN unsere archaischen Vorfahren wacht an einem Lagerfeuer auf, bei den Geschichten, die wir uns erzählen, bei geselligem Singen zu Gitarrenklängen. Stockbrot darf nicht fehlen und auch nicht das Würstchen am langen, mit einem Taschenmesser zugespitzten Zweig, oder knusprige Marshmallows. Und wenn die Müdigkeit kommt, richten Sie sich doch ein kuscheliges Lager rund um die Feuerstelle ein – die Morgendämmerung am frisch entfachten Feuer mit einem wärmenden Tee ist noch einmal so schön!

FEUER HAT GANZ VIEL mit Leben zu tun, denn es nährt auch das innere Feuer der Begeisterung in uns. Feuer verwandelt Dinge, rohes Fleisch in Steaks, Holz in Wärme und Pflanzennährstoffe – und unsere Wünsche in Realitäten. Machen Sie ein Johannisfeuer, mit Verwandten, mit Freunden, mit Nachbarn.

EINE SCHÖNE ZEREMONIE am Feuer: Schreiben Sie Ihre Wünsche auf Zettel. Lesen Sie sich jeden Wunsch, laut oder leise, vor und bekräftigen Sie ihn, ja, das soll wahr werden. Und dann werfen Sie den Zettel ins Feuer. Schauen Sie zu. Geht Ihr Wunsch sofort in einem leuchtenden Feuerball auf oder müssen Sie nachhelfen? Vielleicht zündet bei Ihnen ein Gedankenblitz, wenn Sie dies beobachten. Doch auch ohne Zeremonie sind Stunden am offenen Feuer einfach wunderbar. Beobachten Sie die unterschiedlichen Feuerfarben, wie die feurigen Zungen am Holz emporkrabbeln oder die Feuerglut wie ein lebender Organismus kreucht und fleucht, wabert und wogt. Haben Sie schon einmal versucht, ein Feuer zu malen? Das geht am einfachsten, wenn Sie Fotos vom Feuer machen und als Vorlage verwenden.

FEUER KANN AUCH gefährlich sein, Leben vernichten. Darum entzünden Sie ein Feuer nur an vorgesehenen, mit Steinen eingefassten Feuerstellen, niemals aber wegen Waldbrandgefahr bei Trockenheit. Und löschen Sie das Feuer, bevor Sie es verlassen. Wenn Sie ein Feuer so entzünden möchten wie unsere Vorfahren, dann versuchen Sie es einmal mit Feuerstein, Pyrit und einem Funkenbett aus Schilfrohrwolle. Raucharm wird das Feuer, wenn Sie nur trockenes Holz verwenden und die einzelnen Scheite wie die Stangen eines Tipis aufstellen.

---

*NÄHRT DAS INNERE
FEUER DER
BEGEISTERUNG*

AUF EINEM FLUSS PADDELN

MIT FAHRRAD, AUTO oder zu Fuß sind Sie sicherlich schon oft einem Flusslauf gefolgt. Doch haben Sie auch mal die Sichtweise auf die Landschaft verändert und sind in ein kippeliges Boot gestiegen? Nein. Dann wird es aber höchste Zeit für eine Paddeltour.

ERLEBNISSE PUR! Leihen Sie sich allein oder zu mehreren ein Kanu, gleiten Sie im Tempo des Flusses und Ihres Paddelschlags mal gemächlich, mal rasant durch die Natur. So schön und einfach zieht Schlag für Schlag die Landschaft an Ihnen vorbei, steile Uferfelsen, weite Wiesen, lauschige Wälder, eine alte Mühle. Sie sind Teil von Fluss und See geworden, lassen sich treiben.

MAL IST DAS WASSER ganz tief, dann wieder so flach, dass das steinige Flussbett zum Greifen nah erscheint. Im Ufergeäst sitzt ein Eisvogel, stürzt kopfvoran mit einem leisen „plop" in die Fluten und sitzt schon wieder mit einem Fischlein im Schnabel auf seinem Lieblingsplatz. Kormorane, Graureiher, Zwergtaucher – der Vogelfreund in Ihnen jauchzt bei jedem neuen gefiederten Wesen, das auftaucht. Haben Sie schon die vielen verschiedenen Wasser- und Uferpflanzen bemerkt und erst die Heerscharen an Libellen: blaue, grüne, rote.

NACH DER ERSTEN TOUR auf dem Fluss ist die Sehnsucht nach mehr aufgewacht. Seien Sie ein Wochenende paddelnd unterwegs oder im Boot treibend auf einem einsamen See. Übernachtet wird auf einfachen Camps oder Heuhotels am Gewässerufer.

1 EINE TOUR auf einem Fluss macht zu mehreren noch mehr Freude. Am Abend teilen Sie am Feuer die spannendsten Momente mit den anderen.

2 TRÄGE FLIESST der Fluss dahin, ebenso langsam lassen Sie sich durch die einmalige Landschaft treiben.

3 AN HEISSEN Sommertagen gibt es keinen schöneren Platz ...

↑ **SIE SIND VORBILD** für Ihre Kinder durch einfaches Tun: „Was Papa auf die Hand nimmt, fasse ich auch mal an."

↪ **SUPER, DU HAST** einen Regenwurm gefunden. Halte ihn ganz sanft, damit er wohlbehalten ins Erdreich zurückkommt.

→ **DER KARTOFFELKÄFER** fühlt sich lustig an, wenn er mit seinen sechs kleinen Beinchen auf der Haut krabbelt.

→ → **WOLFSPINNE** Das Weibchen trägt seinen Kokon voller Eier mit sich herum.

↓ **TAUSENDFÜSSER ROLLEN** sich zusammen, wenn sie sich bedroht fühlen.

↘ **EINE STINKWANZE**, im Sommer grün, im Winter braun, stinkt tatsächlich.

↳ **WALDMISTKÄFER** sind Verwandte des Skarabäus, der altägyptische Kunstwerke ziert.

GRUSELN – JA BITTE!

WIE EINEM GRUSELKABINETT
oder Fantasy-Film entsprungen, scheinen manche, nein, wenn man genau hinschaut, viele Tiere zu sein. Beim Blick durch die vergrößernde Lupe oder aber bei der Vorstellung, man selbst sei nur so klein wie ein Fingerhut, werden zahlreiche Käfer, Spinnen und andere Wesen zu fürchterlichen Gestalten, die es wahrlich mit Tarantula und Creeps aufnehmen können. Heute ist Gruseln angesagt.

SPINNEN SIND Gruseltiere par excellence. Mit ihren langen Beinen, oftmals behaart, ihren schleichenden bis huschenden Bewegungen, ihren spinnenfeinen Netzen haben sie schon viele Menschen so richtig erschreckt, und es wundert nicht, dass sich manche regelrecht vor ihnen fürchten. „Arachnophobie" nennt sich das. Dabei sind Spinnen als einzigartige Jäger mit fantastischen und vielfältigen Jagdstrategien wichtig. Sie sorgen dafür, dass die Insekten nicht überhand nehmen – das kommt auch Ihnen zugute. Am heutigen Gruseltag begegnen Sie der

nächsten Spinne, die Ihnen über den Weg läuft, mit ein wenig Dankbarkeit für ihre tollen Dienste.

ANFASSEN MAG MAN sie gar nicht – was auch sinnvoll ist bei Tieren wie Bienen, Wespen, Stein- und Erdläufer, die stechen können. Geben Sie sich also einen Ruck und streicheln Sie das harmlose Spinnenwesen achtsam über den Rücken. Ein Blick mit der Lupe zeigt Ihnen die bis zu acht Augen, die wie eine Lichterbatterie das Vorderteil (Biologen sagen dazu „Prosoma") zieren. Spinnen sind wunderbare Wesen. Freuen Sie sich, wenn Kreuzspinnen vor Ihren Fenstern wohnen und Zitterspinnen Ihre Zimmerdecke besiedeln: Frida, Klärchen und Ilsebilse halten den Raum von Fliegen und Stechmücken frei.

VIELE WANZEN, KÄFER
und Schaben sind weitere Kandidaten im tierischen Schauerkabinett, ebenso zahlreiche Krabbeltiere wie Asseln, Würmer, Hundert- oder Tausendfüßer, deren Lebensraum der Erdboden ist. Auch

Nacktschnecken sind nicht jedermanns Freund und gehören zu den Lebewesen, die gern Abscheu hervorrufen. Legen Sie aber einmal einen Regenwurm auf Ihre bloße Hand, dann auf ein Stück Papier (hören Sie, wie es raschelt, wenn der Wenigborster mit seinen kurzen Borsten darüberkriecht). Lassen Sie einen Käfer auf Ihrer Hand krabbeln, natürlich vorsichtig – schließlich soll das zarte Lebewesen wohlbehalten wieder dorthin kommen, wo Sie es entdeckt haben.

SEHEN SIE DIE WELT einmal aus der Sicht des kleinen Gruseltiers: Sein Körper ist perfekt an seine Lebensweise angepasst, auch wenn einzelne Körperteile für menschliche Augen noch so schrecklich aussehen. Lassen Sie sich anstecken von der Forscherfreude des Nachwuchses.

LASSEN SIE EINEN KÄFER AUF IHRER HAND KRABBELN

BUNTE GAUKLER DER LÜFTE

FARBENPRÄCHTIGE, reizvolle Geschöpfe sind sie, zarte, zerbrechliche Schönheiten – die Schmetterlinge. Viele von ihnen sind mittlerweile gefährdet zu verschwinden, auf Nimmerwiedersehen. Grund für den dramatischen Rückgang der typischen Wiesenschmetterlinge ist, neben dem Trockenlegen feuchter Wiesen und der intensiven Bewirtschaftung, vor allem das Fehlen verschiedener Wildkräuter, als Unkräuter verschrien, die einst jeden Weg-, Feld- und Gebüschrand säumten und auf mageren Wiesen wuchsen. Diese Wildkräuter sind die Kinder- und Jugendspeise vieler Schmetterlingsraupen, denn die wählerischen Raupen stehen nur auf ganz wenige oder sogar nur eine ganz bestimmte Pflanzenart. Wo es keine Raupen gibt, gaukeln auch keine Schmetterlinge durch die Lüfte.

DEN RAUPEN von Tagpfauenauge, Kleinem Fuchs, Admiral und C-Falter geht es noch richtig gut, denn ihre Lieblingsspeise Brennnessel wächst fast überall. Anders bei den unzähligen Nahrungsspezialisten unter den Bläulingen, Dickkopf-, Schecken-, Perlmutter- und anderen Faltern. Rund 3.000 verschiedene Schmetterlingsarten gibt es eigentlich bei uns, wie viele kennen Sie? Ist Ihnen schon aufgefallen, dass Tagfalter nur auf vier Beinen unterwegs sind? Mit den beiden vorderen, kürzeren putzen sie sich Augen und Fühler.

BEOBACHTEN SIE am nächstgelegenen Brennnesselbeet, wie Tagpfauenaugen oder Kleine Füchse ihre kleinen grünen Eier ablegen, wie daraus Miniräupchen schlüpfen, wie sie fressen, sich häuten, größer werden und in Gemeinschaftsgespinsten die Nächte verbringen, wie sich die Raupen verpuppen, schließlich die Falter schlüpfen – und nur noch die leeren Puppenhüllen zurückbleiben. Weil diese beiden häufigen Schmetterlinge bei uns zwei Generationen bilden, können Sie das Ganze von April bis Juli und von Juli bis September beobachten! Lieben Sie Technik, dann installieren Sie doch eine Webcam vor dem Gestrüpp und werfen Sie immer mal wieder einen liebevollen Blick auf den Falternachwuchs am Computer-Bildschirm.

MACHEN SIE IHREN GARTEN zum Schmetterlingsparadies. Um glücklich zu sein, brauchen Schmetterlinge Nahrung für sich: Nektarpflanzen wie Sommerflieder, Phlox, Kapuzinerkresse, Küchenkräuter, Nachtkerze, Kratzdistel (Champagner für Falter!) oder ein flaches Schälchen Honig-/Zuckerwasser (mit einer Prise Salz). Für die Raupen eine „wilde Ecke" mit Futterpflanzen wie Disteln, Gräser, Sauerampfer, Weidenröschen, heimische Wildsträucher und -kräuter, offenen, mineralstoffreichen Boden (süßer Nektar allein versorgt die Schmetterlinge nicht ausreichend mit allen lebenswichtigen Nährstoffen) oder einen ausgelegten Salzstein. Hinzu kommen Überwinterungsplätze für Eier, Raupen, Puppen und Falter (belassen Sie abgeblühte Pflanzen und Laub auf Beeten und unter Sträuchern). Viel Freude mit den fliegenden Edelsteinen!

↖ **DER HAUHECHELBLÄULING** Früher überall häufig, heute zwar immer noch der häufigste und am weitesten verbreitete Bläuling, aber trotzdem kaum noch anzutreffen.

↖ **DIE RAUPE VOM** ← **SCHWALBEN-SCHWANZ**, dem größten heimischen Tagfalter, fressen am liebsten die Blätter verschiedener Doldengewächse.

↑ ↦ **TAGPFAUENAUGE UND** → **KLEINER FUCHS** können Sie dank der häufigen Raupenfutterpflanze Brennnessel fast überall im Siedlungsraum beobachten.

↗ **RAUPEN VOM KLEINEN FUCHS** sind schwarz und dornig und fressen den ganzen Tag wie die Raupe Nimmersatt, bis sie sich zum Schmetterling verwandeln.

HERBST

Bunte Fülle an Früchten

Bunte Fülle an Früchten

WEIT UND BREIT

Sammellaune bei Eichhörnchen und Eichelhäher, bei Mäusen und Kleibern. Schwalben, Störche und Gänse sammeln sich vor ihrem langen Flug in die warmen Wintergefilde. Zwischen dem Falllaub versammeln sich Spinnen, Käfer und anderes Kleingetier. Nicht verpassen: An warmen Herbsttagen rascheln die kleinen Krabbeltiere durchs Laub. Igel und Siebenschläfer hingegen futtern, was das Zeug hält. Bald ist es Zeit für sie, in einem kuscheligen Versteck zu verschwinden, wo sie den Winter mit kaum spürbarem Herzschlag und wenigen Atemzügen verschlafen. Am Himmel malen Wolken fantasievolle Bilder, die vom Winde verweht werden – es bleibt ein wenig Sehnsucht nach den warmen Tagen und kurzen Nächten der vergangenen Monate.

HASELNÜSSE –
die Leibspeise der putzigen
Eichhörnchen

SAMMELN, FRESSEN, SCHLAFEN

HERBSTZEIT – ERNTEZEIT

An den kürzer werdenden Tagen merken Pflanzen und Tiere, dass es Herbst ist: Nun müssen die Vorbereitungen für den nahrungsarmen Winter getroffen werden, der überlebt sein will. Bei den meisten Tieren ist der Nachwuchs nun selbstständig und genügend Zeit bleibt zum Sammeln, Fressen und Winternest bauen. Welch perfektes Timing der Pflanzen, die nun die Tiere üppig mit Früchten, Pilzen, Samen und Nüssen versorgen.

1 DER EICHELHÄHER füllt sich den Kehlsack mit bis zu 15 Eicheln, eine 16. im Schnabel. Seinen Vorrat versteckt er im Umkreis von acht Kilometern im Boden oder unter Baumwurzeln.

2 EIN SIEBENSCHLÄFER kann solch einer süßen Frucht nicht widerstehen, und im Herbst dreimal nicht.

3 STIEGLITZE ziehen im Trupp auf der Suche nach winzigen Samen über distelbestandene Flächen.

IN IHREM SAMMEL- UND

Futtereifer werden die Tiere nun viel leichter sichtbar als noch im Frühjahr oder Sommer. Die Gelegenheit für Sie für spannende Tierbegegnungen. Schon bevor die Sonne untergeht, können Sie jagende Fledermäuse beobachten, die sich vor dem Abflug ins Winterquartier (Winterschlaf in Baum- und Felshöhlen, Kellern) Energiereserven anfuttern. Haselmäuse (die kleinen Verwandten des Siebenschläfers) turnen akrobatisch in Haelsträuchern herum. Ebenso emsig legen Eichhörnchen ihre Vorratslager an, in den Hecken futtern Drosseln und viele andere Vögel die feinen Beerenfrüchte. Wo Sie auch hinschauen wird gesammelt und gefuttert.

SO VIEL GESCHÄFTIGES

Treiben animiert zum Dokumentieren: Nehmen Sie den Fotoapparat mit hinaus, vielleicht gelingen Ihnen aus genügend Abstand tolle Fotos. Oder nehmen Sie einen Skizzenblock mit und zeichnen Sie Naturmotive wie ein Künstler.

*IM ZWEIFEL
WENDEN SIE SICH
AN DEN TIERARZT*

KLEINER IGEL, WAS NUN?

AUCH FÜR DEN IGEL geht das Jahr nun bald zu Ende. Er frisst sich im Herbst vor allem mit Käfern, Raupen und Regenwürmern ein dickes Fettdepot an und verschläft den Winter in einem kuscheligen Blätter-Moos-Nest. Um den vier- bis fünfmonatigen Winterschlaf zu überleben, sollte ein Igel Anfang November 300, besser 500 Gramm wiegen.

BEI UNS KOMMEN die meisten Igelkinder im August zur Welt, Gewicht bei der Geburt: etwa zwanzig Gramm. Erst Ende September, manchmal auch erst im Oktober sind die Jungigel dann selbstständig – da müssen sie sich schon beeilen, um genügend Fettreserven in ihren Körper einzulagern, zumal sie ja auch noch herausfinden müssen, was fressbar ist und was nicht. Finden Sie im November einen jungen Igel, der auffallend unterernährt, krank oder verletzt ist, sollten Sie ihm helfen. Dazu gehören Mahlzeiten und Wasser sowie eine Unterkunft. Damit der stachelige Freund auch wieder gesund wird, wenden Sie sich an einen Tierarzt oder eine Wildtierauffangstation (zum Beispiel vom NABU).

JEDER IGEL, der laut schnaufend durch den Garten läuft, und jeder Igelkothaufen erinnert Sie daran: Gestalten Sie Ihre Umgebung igelfreundlich mit unten offenen Zäunen, abgedeckten Licht- und Kellerschächten, gesicherten Kellertreppen, dichtem Gebüsch, Holz-, Reisig- und Laubhaufen als Unterschlupf. Stellen Sie eine Tränke auf und bieten Sie Ihrem Igel ein kuscheliges Häuschen an: eine umgedrehte, mit Laub und Reisig abgedeckte Holzkiste (mit Einschlupfmöglichkeit).

1 WENN EIN IGEL im November sichtlich abgemagert oder verletzt ist, sollten Sie ihm helfen.

2 DIE GEWICHTSKONTROLLE ist nur ein wichtiger Indikator für die Hilfsbedürftigkeit Ihres stacheligen Freundes.

3 ZUR IGELHILFE gehören ordentliche Mahlzeiten (Katzenfutter mit Rührei, ungewürzt, wenig Fett) und Wasser (keine Milch!) sowie eine kühle Unterkunft.

AUF IN DEN SÜDEN

JEDES JAHR vollzieht sich bei uns eines der eindrucksvollsten Naturereignisse der Erde und das fast unbemerkt: der Vogelzug. Große (Kranich, Weißstorch) bis winzige (Sommergoldhähnchen) Vögel bewältigen viele Tausend Flugkilometer bis ins südliche Afrika, wo sie den Winter verbringen. Und im Frühjahr legen sie diese fast übermenschlichen Distanzen auf dem Weg zu uns noch einmal zurück. Sagenhaft!

BEDEUTEND sind die Ostseeboddenküste, das Havel- und Rhinluch sowie die Diepholzer Moorniederungen, in denen im Herbst bis zu 70.000 Kraniche pro Tag rasten und die Nacht stehend im Wasser verbringen! Von Aussichtspunkten aus können Sie das Spektakel beobachten. Auch das Wattenmeer an der Nordsee ist ein wichtiger Rastplatz für Zugvögel aus dem Norden. Dort ist im Herbst mehr los als an den größten Flughäfen der Welt. Millionen Vögel starten und landen im Sekundentakt – ein Ereignis, das Sie erlebt haben müssen.

EIN WICHTIGER ORT für den Vogelzug ist auch das Randecker Maar, ein Abschnitt der Schwäbischen Alb. Dieses beliebte Ausflugsziel ist nicht nur eine markant sichtbare Wegmarke, sondern erleichtert den ziehenden Saatkrähen, Hausrotschwänzen, Kernbeißern und Goldhähnchen den Aufstieg auf die Höhenfläche der Alb. Für Sie ein dickes Plus: Ganz nah überfliegt im Herbst die Vogelschar Ihren Kopf und ermöglicht Ihnen das Bestimmen selbst kleinster Singvögel. Wenn Ihnen die Fahrt zu weit ist und Sie dennoch dieses Naturerlebnis genießen möchten, suchen Sie einen erhöhten Aussichtsplatz (Turm, Hügel- oder Bergkuppe) auf, der Ihnen einen freien Blick nach Norden gewährt. Fernglas und Bestimmungsbuch nicht vergessen!

SEHENSWERT SIND ziehende Wildgänse, Weißstörche, Kraniche und andere Vögel, die im energiesparenden Formationsflug fliegen. Ein großes lebendiges „V" mit ständig wechselnder Spitze erscheint am Himmel, auch über Großstädten, und verschwindet wieder aus dem Blick. Viele Zugvögel haben zwei unterschiedliche Zugwege in den Süden. Welcher angeboren ist, entscheidet der Geburtsort: Im westlichen Europa brütende Störche, Mönchsgrasmücken und andere Vögel ziehen nach Südwesten über Spanien nach Afrika, während die im östlichen Europa brütenden Artgenossen über den südöstlichen Kurs (Bosporus, Türkei und Naher Osten) Afrika erreichen: Große Meeresflächen schrecken ab. Interessanterweise findet der Rückzug der Vögel im Frühjahr mehr oder weniger heimlich statt. Plötzlich sind sie wieder da.

1 SCHWALBEN versammeln sich vor ihrem Wegzug auf Leitungsdrähten. Nur nicht zu nahe kommen.

2 DAS VOGELEREIGNIS Im Herbst ziehen Zehntausende Kraniche von ihren nördlichen und östlichen Brutgebieten nach Spanien.

VOGELZUG

**Fernweh kommt auf, wenn am Himmel
die Zugvögel auftauchen**

← **HUNDERTTAUSENDE STARE** bilden dichte lebendige Wolken. Weil jeder Vogel in einer solchen Wolke sich stets genauso bewegt wie sein Nachbarvogel, wirken Vogelschwärme wie ein lebender Organismus. Das müssen Sie einmal erlebt haben!

↓ **MIT EINEM GUTEN FERNGLAS** macht das Vögelbeobachten noch mehr Freude. So erkennen Sie genau, welche Vögel gerade an Ihnen vorbei oder über Sie hinweg ziehen.

→ **GÄNSE** (hier Graugänse, die zweitgrößte Gänseart Europas) bilden bei ihrem Flug in die südlichen Wintergebiete ein großes V am Himmel. Dabei fliegen die Gänse energiesparend im Windschatten des Vordervogels. An der Spitze wechseln sich die Vögel ab, damit jeder mal in den Genuss von weniger anstrengendem Fliegen kommt.

↘ **WEISSSTÖRCHE** und andere große Vogelarten nutzen thermische Aufwinde am Tag und gleiten dann lautlos über große Distanzen, um Energie bei der Reise zu sparen.

NATUR GANZ NAH

DIE NATUR IST VOLLER Wunder, im Großen, aber auch im ganz Kleinen. Käfer, Ameisen und Heuschrecken gehören dazu, aber auch Blüten, Früchte und Blätter. Um diese kleinen Kostbarkeiten zu entdecken, brauchen Sie Werkzeuge – eine Lupe, eine Lupendose oder noch besser ein Binokular (wie die Stereolupe auch genannt wird). Für alle Werkzeuge gilt: Wählen Sie gute Qualität. Damit haben Sie eindeutig mehr Freude!

1 MARIENKÄFER Auch wenn er so klein ist, so besitzt er doch Augen, Füße, Herz, Muskeln und Atmungsorgane so wie Sie.

2 HERRLICH LEUCHTET das Licht durch die goldgelben Eichenblätter.

3 MORSCHE BAUMSTÜMPFE sind wunderbare Lebenswelten en miniature. Schon die zahlreichen Löcher verraten, welch ungemeine Schar an Lebewesen hier fressend, nagend und bohrend zu Gange ist.

TAUCHEN SIE EIN in den Mikrokosmos: Ein Schritt vor die Tür und schon finden Sie die ersten Lebewesen, die Sie sich genauer anschauen können – ein Marienkäfer (welcher der rund 80 heimischen Arten ist es denn? Oder gar ein Asiatischer?), ein Ohrwurm, eine Assel. Schauen Sie sich die Tiere vergrößert an und setzen Sie sie dann wieder unversehrt ins Freie. Fündig werden Sie auch unter Steinen (vorsichtig umdrehen), in der Laubschicht am Waldboden, auf einer hohen Wiese, im seichten Teichwasser. Betrachten Sie auch Blüten, Früchte, Blätter und Pilze mit der Lupe: Wie schön, wenn sich Ihnen neue unbekannte Welten öffnen.

SCHAFFEN SIE RUND UM Ihr Zuhause solche Welten, in denen sich auch die Kleinen wohl fühlen: Lassen Sie Holz vermodern, kehren Sie das Laub unter Sträucher (das ist 1.000 mal besser als Laubsauger!), lassen Sie ein Stück Rasen ungemäht und sich zur Blumenwiese entwickeln, richten Sie einen Teich ein.

*WOLKEN SIND UNSEREM
KINDERHERZEN
SO NAH*

WOLKENBILDER

ES GIBT KAUM EINEN TAG ohne Wolken. Wolken machen den Kreislauf des Wassers sichtbar – an warmen Tagen können Sie nach einem Regenguss über einem Wald beobachten, wie Wolken entstehen und an eigentlich freundlichen Regenschauertagen sehen Sie den Regen wie feine Striche vor grauem Hintergrund aus einer Wolke auf den Boden fallen. Wolken sind (fast) immer da und Wolken sind einzigartig.

IST IHNEN SCHON EINMAL aufgefallen, wie viele verschiedene Wolkenformen es gibt? Bauschig hohe wie Wattebällchen, fein ausgezogene wie Nebelschwaden, gelblich schwarze bedrohliche Wolkentürme. Wenn Sie die Wolkensprache kennen, erfahren Sie viel über das Wetter in den nächsten Stunden und auch Tagen (etwa, ob das Wetter schlechter wird oder so schön bleibt wie es ist).

WOLKEN MALEN AUCH Bilder an den Himmel und erzählen Geschichten. Setzen Sie sich auf eine gemütliche Bank oder legen Sie sich auf den Rücken und beobachten Sie gemeinsam die Wolken. In welch eiligem Tempo sie vorbeiziehen, größer werden oder sich auflösen. Erkennen Sie Figuren in den Wolken, einen Drachen, einen Kopf mit spitzer Nase, ein kleines Schweinchen, das seiner Mama folgt. Machen Sie Fotos von den Wolken und malen Sie zu Hause die Bilder fertig – das Wolkenpferd bekommt einen Reiter und das Wolkenkindergesicht lustige Sommersprossen. Wolken sind unserem Kinderherzen so nah.

WENN SIE DIE WOLKENSPRACHE KENNEN

WIND, WIND, DAS HIMMLISCHE KIND

KEINE JAHRESZEIT bietet so viel Wind wie der Herbst. Für Schamanen, die tief verbunden sind mit der Natur und allen Wesen dieser Erde, ist auch der Wind ein solches Wesen. Der Wind bläst tatsächlich dunkle Gedanken davon und lässt „frischen Wind" rein. Buddhisten hängen bunte Gebetsfahnen auf, damit der Wind die Gebete in den Himmel trägt. Welch schönes Ritual, wäre das auch etwas für Sie – eine selbstgemachte Windfahne aus bunten Stoffen, bemalt mit Ihren Wünschen für Balkon, Terrasse oder Garten?

1 SEGELFLIEGER unter den Vögeln – Bussarde, Milane (hier ein Rotmilan) – kreisen stundenlang in den warmen Aufwinden.

2 DER WIND lädt Sie gerade jetzt im Herbst zu vielen luftigen Erfahrungen ein.

3 HOCH IN DEN HIMMEL steigt der Drache nach geglücktem Start und fliegt rasante Flugmanöver (auf einem offenen Gelände ohne Stromleitungen oder ähnlichen Hindernissen).

WIND IST FÜR TIERE und Pflanzen ein Muss. Viele Pflanzen (all die Bäume mit unscheinbaren Blüten, alle Gräser, Brennnessel, Rohrkolben und viele andere Blütenpflanzen) vertrauen die Bestäubung ihrer Blüten dem Wind an. Spinnen reisen mit dem Wind auf ihren spinnendünnen Fäden über Land und Meer zu neuen Lebensräumen und gaben einer Jahreszeit ihren Namen: Altweibersommer. Schmetterlinge wie die Distelfalter nutzen günstige Winde auf ihren Wanderungen, um schneller das Winter- (oder Sommer-) Quartier zu erreichen.

LASSEN SIE SICH wie das bunte Herbstlaub vom Wind durch die Natur treiben, verlassen Sie die gewohnten Wege und probieren neue aus, natürlich in wetterfester Kleidung und mit geschützten Ohren. Spüren Sie, wie schnell Sie vorwärtskommen mit der treibenden Kraft des Windes im Rücken und wie viel Kraft Sie aufbringen müssen, wenn Sie gegen den Wind laufen oder gar radeln?

SPIELEN SIE MIT dem Wind, mit lustig-bunten Windrädern und Windspiralen in Blumenkästen und Beeten, die sich um die Wette drehen, mit einem Drachen in der Hand. Einen einfachen Drachen können Sie auch selber bauen mit einem Gerüst aus leichten Leisten (Breite zu Höhe im Verhältnis 15:18 oder 4:5), einer Bespannung aus leichtem Papier (selbst bemalt) oder Folie und Drachenschnur. Geben Sie dem Wind Gelegenheit, in einem fein gestimmten Windspiel sanfte Melodien ertönen zu lassen. Ein Windsack, an einer langen Stange angebracht, zeigt Ihnen stets, aus welcher Himmelsrichtung der Wind weht.

STELLEN SIE SICH in den Wind, legen Sie sich in den Wind mit ausgebreiteten Armen, verkünden Sie dem Wind, was Ihnen gefällt, was Sie sich wünschen. Und wenn Sie drinnen sind und der Wind um die Hausecken pfeift, schließen Sie die Augen und hören ihm einfach ein paar Atemzüge lang zu: Vielleicht hat er eine Botschaft für Sie?

NATUR IN DER STILLE

EIN GITTERTOR, eingelassen in eine steinerne Mauer, trennt den Friedhof vom Lärm der Autos, ein, zwei Schritte nur und Sie betreten eine magische Welt. Die Blätter rascheln leise im Wind, Schatten dichter Büsche liegen auf den alten und neuen Gräbern, bunte Blumen hier, Immergrüne und Moose dort. Lassen Sie sich ein auf diesen ganz besonderen Ort, schreiten Sie im langsamen Tempo die breiten und schmalen Wege entlang, suchen Sie sich eine Sitzbank unter einem alten Baum. Finden Sie Ihren Lieblingsplatz. Verweilen Sie dort. Spüren Sie, wie Ihre auf Hektik geschulte Uhr einen Tick langsamer geht. Einatmen, ausatmen – das ist der Rhythmus der Natur.

FRIEDHÖFE SIND in unseren Siedlungen wichtige Rückzugsgebiete für heimische Tiere und Pflanzen geworden. Über die Hälfte der städtischen Wildgehölze, Wildblumen und Wildfarne finden Sie auf dem Friedhof. Die oftmals alten Büsche und Hecken aus vorrangig heimischen Arten ziehen viele Tiere an, am auffälligsten sind die Vögel. Ungestört können am Boden oder bodennah brütende Vögel (Rotkehlchen, Zaunkönig, Zilpzalp, Fitis, Nachtigall, Waldlaubsänger) ihren Nachwuchs großziehen, ebenso die im dichten Gebüsch brütenden Grünfinken, Mönchsgrasmücken oder Heckenbraunellen. Sogar Mäusebussarde und Habichte haben sich auf den Friedhöfen eingefunden. Und so ist die Stille auf dem Friedhof keine Totenstille, sondern lebendig von den Stimmen der Tierwelt.

1 EHRFURCHT und Achtsamkeit sind Gefühle, die in uns auf einem Friedhof wach werden und die wir so dringend für ein rundum freudiges Leben brauchen.

2 EIN AMSELWEIBCHEN hat sich auf einer steinernen Grabstätte niedergelassen. Von dort oben hat sie einen guten Überblick.

3 IM HERBST sind viele Eichhörnchen unterwegs, denn nun müssen die Vorratslager für den Winter gefüllt werden.

MIT BUNTEM LAUB

*LAUB GIBT ES NUN
IN ALLEN FORMEN,
FARBEN, GRÖSSEN*

AUF EINEM SPAZIERGANG in der frischen Herbstluft werden Sie zum Schöpfer kleiner Kunstwerke. Laub gibt es nun zur Genüge, in allen Formen, Farben, Größen, und Naturräume sowieso: ein gleichmäßiger Moosteppich, mit Flechten bewachsene Steine, offener Boden, feuchter Schlamm, eine verwitterte Holzbank, Zaunpfähle oder eine Reifenspur am Wegrand. Schauen Sie sich um und lassen Sie sich von der Natur inspirieren. Zu Hause entstehen aus den Blättern schöne Kunstwerke: Zwischen dicken Büchern werden die Blätter ganz flach gepresst. Dann zaubert eine Bürste ein feines Lochmuster zwischen die Blattadern.

BLATTKUNST

SPIELEN SIE MIT den bunten Kastanien-, Ginkgo-, Ahorn-, Brombeer-, Eichen- und Wie-sie-alle-heißen-mögen-Blättern und bilden Sie verschiedene Formen daraus: Spiralen, gefüllte Quadrate und Kreise gleicher oder verschiedener Blätter, mit und ohne Farbverlauf. Formen Sie kleine Schultüten daraus, die Sie mit Dornen befestigen, oder kleben Sie die Blätter in einem grafischen Muster mit frischem Baumharz an einen glatten Stamm.

FÄDELN SIE GLEICHE oder verschiedene Blätter auf dünne Zweiglein oder eine bunte Schnur – dazu stechen Sie am besten zuvor mit einem spitzen Gegenstand ein Loch in jedes Blatt – und hängen Sie sie wie selbstverständlich in das Geäst eines Strauches oder lassen Sie sie von einem Ast herabbaumeln. Und wenn der nächste Herbststurm über das Land bläst, hat auch er seine Freude an Ihren lebendigen Naturkunstwerken.

IN DER FRISCHEN HERBSTLUFT WERDEN SIE ZUM SCHÖPFER

NATURSAMMELSURIUM

VIELE MENSCHEN SAMMELN für ihr Leben gern. Prima, dann nichts wie raus mit großen Hosen- und Jackentaschen: Heute ist Sammeltag! In die Taschen wird gesteckt, was interessant ist. Steine, Federn, Holzstücke, Zapfen, Schneckenhäuschen, Kastanien und Eicheln sowieso. Für besondere Funde haben Sie eine Schachtel mit Deckel dabei.

ZU HAUSE WIRD ERST einmal gesichtet, was die Taschen so alles hergeben. Da schlägt das Sammlerherz einen Takt freudiger. Dann wird sortiert, bestimmt (wie heißen die Tiere und Pflanzen, von denen Sie Teile gefunden haben?) und beschriftet. Für Ihre Funde haben Sie ein schönes Kästchen.

ZERBRECHLICHES kommt in kleine Schächtelchen, die Sie auch mit Watte auspolstern können.

BLÄTTER UND ZWEIGE
stecken Sie in eine weiche
Knetfigur oder legen Sie
in Klarsichthüllen. Die
herrlichsten Natursachen
bekommen einen Ehren-
platz im Regal oder auf
der Fensterbank, „Mesa"
nennen Indianer einen
solchen Platz.

FRÜCHTE

1 *KIRSCHEN* wachsen manchmal im Duo am langen Stiel und klopfen beim Gehen lustig kühl ans Ohr.

2 *WALD-ERDBEEREN* Die wilden sind die süßesten Erdbeeren. Nicht sammeln am Straßenrand, entlang von Hundespazierwegen und wo es viele Füchse gibt.

3 *HIMBEEREN*, wilde, gedeihen an halbschattigen Waldwegen und Lichtungen, manche ebenso feinen Gartenhimbeeren (remontierende Sorten) tragen sogar mehrmals im Jahr Früchte.

4 *BROMBEEREN* Ziemlich stachelig sind die undurchdringlichen Gebüsche, an

denen diese köstlichen Früchte reifen. Nur die tiefschwarzen sind tatsächlich süß.

5 *HEIDELBEEREN* In lichten Wäldern auf sauren Böden (etwa von der Nadelstreu der Fichten) können Sie Blaubeeren mit dunklem Fruchtfleisch (wichtig! giftige Rauschbeeren sind innen hell) entdecken.

6 KORNELKIRSCHEN Erst wenn sie schwarz sind, schmecken sie angenehm fruchtig süß. Dann müssen Sie sich aber beeilen, sonst kommen Ihnen die Vögel zuvor.

7 FRÜCHTE VOM SANDDORN sind sauer bis herb. Die typische

Dünenpflanze unserer Küsten wächst aber auch an Flüssen und angepflanzt.

8 SCHLEHE Dank der weißen Bereifung leuchten die blauen Früchte dieses wehrhaften Rosengewächses für Vogelaugen.

9 SCHWARZER HOLUNDER Die tiefschwarzen Früchte ergeben leckere Säfte und Marmeladen, nur roh sollte man sie nur in Maßen genießen, unreif gar nicht.

10 FELSENBIRNE Köstlich sind die süßen Felsenbirnen, auf die auch so viele Vögel stehen!

NATURRAUM STREUOBSTWIESE

WIE SCHÖN, dass es auch ökologisch wertvolle Biotope gibt, die vom Menschen geschaffen wurden. Ein solcher kostbarer Lebensraum für Tiere und Pflanzen ist die Streuobstwiese, auch Obstwiese, Obstgarten, Bongert oder Bitz genannt, die bis vor ungefähr 50 Jahren viele Dörfer und Gemeinden wie ein Gürtel umgab. Bis zu 6.000 verschiedene Arten finden dort einen Lebensraum.

JETZT IST ERNTEZEIT. Die Äpfel und Birnen werden reif,

1 **GRAUSPECHT** (und Grünspecht) halten sich gern am Boden auf, wo sie Ameisennester überfallen.

2 **WENN DIE HERBSTZEITLOSEN** ihre bis zu 30 cm langen Blütenkelche (das meiste unterirdisch) auf der Wiese entfalten, ist es Herbst.

3 **WACHOLDERDROSSELN** sind sehr gesellig und erregen durch ihre „tschack-tschack"-Rufe Ihre Aufmerksamkeit, wenn sie zu vielen auf einer Obstwiese einfallen.

4 **ÄPFEL** schmecken frisch gepflückt am allerallerbesten!

meist regionale Sorten, die es sonst nirgendwo gibt (über 3.000 verschiedene Apfelsorten werden allein für Mitteleuropa gelistet – wie viele davon kennen Sie). Die Früchte hängen hoch oben in den Baumkronen und sind nur in den untersten Ast-Etagen von Hand zu erreichen. Obsternte ist schwieriger in der Obstwiese, drum landen die geschüttelten, am Boden aufgelesenen Äpfel und Birnen auch meist in Saftpressen und ergeben leckere Obstsäfte und Most.

IN DEN HOCHSTÄMMEN der Obstbäume, die verstreut auf Wildblumenwiesen stehen, bauen gerne Spechte ihre Höhle, allen voran der Grün- und Grauspecht. Charaktervögel der Streuobstwiese sind der Wendehals (auch ein Specht, aber was für einer: braun wie Baumrinde, trommelt nicht, baut keine Höhlen und verbringt den Winter in Afrika; ruft auffallend „Gjä gjä-gjä-gjä") und der Steinkauz (brütet in Baumhöhlen, nimmt spezielle Steinkauz-Niströhren an, sitzt tagsüber gern auf

Zaunpfählen). Auch der sehr seltene schwarz-weiße Halsbandschnäpper, Jäger fliegender Insekten, ist ein Bewohner der Streuobstwiese.

NEBEN DEN OBSTBÄUMEN gehören zur Streuobstwiesenlandschaft auch Heckenstreifen aus Wild- und Feldgehölzen, Schlehen, Kornelkirsche, Feldahorn, Heckenkirschen, Kreuzdorn, Liguster, Felsenbirne, Traubenholunder – schier endlos ist die Liste der wilden Gehölze, ebenso endlos die Liste ihrer tierischen Nutzer (Schmetterlinge, Käfer, Bienen und andere Insekten, Spinnen, Laubfrösche, Kröten, Echsen, Vögel, Säugetiere), als Restaurant und Hotel, als Wochenstube und Schutzraum.

LUST BEKOMMEN, noch mehr heimische Lebensräume kennenzulernen? Dann planen Sie Touren in Sumpf- und Moorlandschaften, in Heide- und Steppengebieten, in Auen- und Schluchtenwäldern. Erleben Sie hautnah und authentisch die Vielfalt unserer schönen Heimat.

↑ **BAUMPILZE** (hier ein Zunderschwamm) wachsen an Baumstämmen. Ihre Hüte ragen wie kleine Dächer über- und nebeneinander aus dem Holz. Doch es gibt noch mehr zu entdecken:

↗ **DER STACHELBART** sieht wie eine filigrane Eiszapfenlandschaft an einem Wasserfall aus.

↪ **DER GOLDGELBE ZITTERLING** und die Hexenbutter (schwarz) quellen wie Gelee aus der Rinde.

→ **TINTENFISCHPILZE** finden Sie am Boden. (Kein Scherz, die gibt es wirklich, sehen genauso aus – überzeugen Sie sich auf dem Foto rechts) oder ...

↓ **HERBSTTROMPETEN** (tiefdunkelblau, sehr edel, mit feinem Aroma!).

WUNDERSAME PILZWESEN

HERBSTZEIT IST PILZZEIT, auch wenn Sie natürlich wissen, dass auch im Sommer Pilzhüte wachsen und sogar im Frühjahr (Morcheln, Mairitterlinge) und Winter (Austernseitlinge, Samtfußrüblinge). Besonders nach regnerischen Tagen sprießen sie nun wie von Zauberhand aus dem Erdboden. Eifrige Pilzspezialisten freuen sich, denn sie kennen die besten Plätze, an denen Pfifferlinge, Steinpilze und andere leckere Speisepilze wachsen. Da es von den meisten essbaren Pilzen auch zum Verwechseln ähnliche giftige Doppelgänger gibt, überlassen Sie das Sammeln besser den Pilzkennern. Stattdessen suchen Sie nach ungewöhnlichen und merkwürdigen Pilzwesen und -erscheinungen.

DER HEXENRING ist eine solche Pilzerscheinung, die gar nicht so selten auf Wiesen und Waldböden vorkommt. In einem Hexenring wachsen die Pilzhüte ringförmig. Früher dachte man, diese Ringe seien das Werk von Hexen und Teufeln, heute wissen wir, dass in der Mitte eines Hexenrings einst eine Pilzspore keimte. Deren Mycel (Wurzelgeflecht) breitet sich gleichmäßig nach allen Seiten aus und bildet jedes Jahr am äußeren Ende die Pilzhüte. Sie ahnen es schon, im darauffolgenden Jahr ist der Hexenring etwas größer. Überzeugen Sie sich selbst davon, etwa durch Markieren mit einem bunten Holzstöckchen.

DABEI HABEN SIE NOCH gar nicht alle Pilze entdeckt, die auf Holz wachsen. Die verschiedenen Schichtpilze überziehen das Holz stehender und liegender Stämme mit einem Belag, der wie angetrockneter Joghurt aussieht, während Rindenpilze eher an Durchfall erinnern. Der Stachelbart sieht wie eine filigrane Eiszapfenlandschaft an einem Wasserfall aus, der Goldgelbe Zitterling (goldgelb) und die Hexenbutter (schwarz) quellen wie Gelee aus der Rinde. Braune Tieröhrchen bildet das braune Judasohr auf Ästen, und Holzkohlepilze sehen so aus wie sie heißen. Sie merken schon, ein gutes Pilzbuch muss her.

DAS WAR NOCH nicht alles, nun ist der Boden dran: Dort finden Sie Herkules-Riesenkeule (sieht auch so aus, bis zu 25 cm hoch!), Krause Glucke (blumenkohlartig, bis zu 14 kg schwer), Kirschroter und Papageien-Saftling (die farbigsten Pilze), Klebriger Hörnling (gelb, korallenförmig), Gewimperter Erd- und Wetterstern (braune Pilzsterne), Igel-Stäubling (achten Sie auf die stachelige Oberfläche), Kartoffelbovist (nein, da hat keiner Kartoffeln im Wald verloren), Gemeiner Orangebecherling (ein orangefarbener Becher), Dreifarbige Koralle (der Name passt), Weißes Haarbecherchen (wie kleine bewimperte Pokale) und noch sehr viele mehr.

NACH REGNERISCHEN TAGEN SPRIESSEN SIE WIE VON ZAUBERHAND

STEINE UND FOSSILIEN

VOR DEN PFLANZEN, TIEREN und Menschen gab es auf der Erde nur Gesteine. Gesteine entstehen bei vulkanischen Aktivitäten, tief im Erdinneren und wenn sich feine Sedimente ablagern. Diese Entstehungsweise sieht man auch den kleinen und großen Steinen an, die durch Verwitterung zerfallen. Mit jedem Stein halten Sie ein altes Stück aus der Vergangenheit unseres Heimatplaneten in Ihren Händen. Eigentlich müsste man sich vor jedem Stein demutsvoll verneigen. Auch Fossilien bezeugen früheres Leben auf der Erde, sind sie doch die Reste urzeitlicher Tiere und Pflanzen.

1 AMMONITEN, schneckenartig gerollt, und andere Fossilien finden Sie nur in bestimmten Fundstätten, eben dort, wo sie in den Gesteinen erhalten geblieben sind.

2 DUNKLE SCHIEFERPLATTEN lassen sich leicht der Länge nach spalten und, welch Wunder, geben immer wieder schillernde Ammoniten frei.

Steine und Fossilien wecken den Jäger und Sammler in uns. Steine liegen fast überall herum, am Feldwegrand, am Gewässerufer, in den Bergen sowieso. Manchmal mischen sich auch Mineralien darunter, Feldspäte oder Quarze oder Feuersteine in ganz bestimmten Gebieten. Bernsteine (fossiles Baumharz) gibt es an manchen Ostseestränden. Schneckenartig gerollte Ammoniten, krebsähnliche Trilobiten und andere Fossilien finden Sie hingegen nur in bestimmten Fundstätten, eben dort, wo sie in den Gesteinen erhalten geblieben sind.

WELTBERÜHMTE Fundstätten bei uns sind beispielsweise Solnhofen und Eichstätt (helle Plattenkalke, Urvogel Archaeopteryx), Holzmaden (dunkle Tonschiefer, verschiedene Fischsaurier), Grube Messel/UNESCO-Welterbe (Süßwasserseegesteine, Urpferdchen) und Bundenbach (Schiefer, Trilobiten). Bei vielen Fundstätten gibt es auch einen öffentlich zugänglichen Steinbruch, in dem Sie gegen eine Gebühr selbst Fossilien entdecken und mit geeignetem Werkzeug (Hammer, Meißel, für die eigene Sicherheit Schutzbrille, Arbeitshandschuhe, festes Schuhwerk) aus den Gesteinen holen können.

①

WINTER

Schnee liegt in der Luft

KLIRREND KALT

werden die langen Nächte, die nur zögerlich am Morgen dem Tageslicht Platz machen. Mit den letzten herabfallenden Blättern haben sich die bunten Herbstfarben verabschiedet, halten mit den Siebenschläfern, Igeln und Fledermäusen Winterruhe. Grau, Schwarz, Braun und Blau sind die vorherrschenden Farben, in manchen Wintern kommt das Weiß von Schnee und Eis hinzu. In diesem fast leeren winterlichen Naturraum ist Platz für leise Töne, für bedächtige Bewegungen, für feine Berührungen. Lassen Sie sich berühren von der Kälte und Stille, bei Schlittentouren, Pflanzenwanderungen und Sternguckspaziergängen. Schärfen Sie Ihre Sinne und entdecken Sie die Spuren der Tiere, für die die Winterzeit so viel härter ist als für uns.

BLATTLOS –
stehen Baum und Strauch
nun da

VÖGEL AM FUTTERHAUS

1 KOHLMEISE Erdnüsse: Obwohl nicht heimisch, stehen viele Vögel auf diese energiereichen Hülsenfrüchte, so auch die Kohlmeise.

2 BUNTSPECHT Auf Fettfutter und Erdnüsse steht auch der Buntspecht, denn das entspricht seiner natürlichen Winterkost: Koniferensamen.

3 SCHWANZMEISE Welch ein Glück, wenn diese Federbällchen den Futterplatz besuchen – natürlich immer im Trupp.

4 KLEIBER Er frisst nicht am Futterhaus, nein, er „klaut" Sonnenblumenkerne und versteckt sie in Rindenritzen für schlechte Zeiten.

5 ROTKEHLCHEN tauchen am Futterplatz stets einzeln auf. Die kämpferischen Singvögel verteidigen auch im Winter ihr Revier.

6 GIMPEL Am Meisenknödel turnen ist nicht sein Ding: Der Gimpel pickt am Boden und liebt die Samen in den roten Schneeballfrüchten.

7 BLAUMEISE Nur 10 g wiegt dieser kleine Turnstar mit dem großen Hunger auf kalorienreiches Fettfutter.

8 GRÜNFINK Manchmal streitlustig, aber immer sehr gesellig – der Grünfink. Mit seinem kräftigen Schnabel öffnet er fast alle harten Früchte.

9 RINGELTAUBE Der Hunger lockt auch diese größte heimische Taube an. Gerade im Winter brauchen Vögel wegen ihres etwa 40 °C heißen Körpers viel und ständig Nahrung.

10 GOLDAMMER Auch die Goldammer besucht im Winter eine Futterstelle am Boden, denn in unseren Feldlandschaften herrscht Nahrungsmangel.

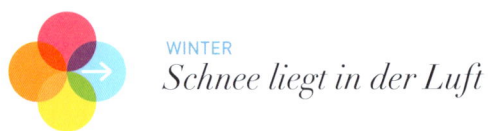

FESTMAHL FÜR VÖGEL

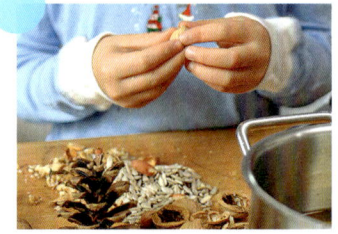

FÜRS SELBSTGEMACHTE Vogelfutter verflüssigen Sie zunächst langsam Rindertalg (vom Metzger) in einem großen Topf. Danach rühren Sie die gleiche Gewichtsmenge Weizenkleie, Sonnenblumenkerne, Hanf, eine Körnermischung für Volierenvögel, Haferflocken und gehackte Erdnüsse in die Masse. Sie können auch Rosinen oder getrocknete Insekten zugeben. Die Masse muss zügig in die Formen (etwa für Kuchen, Muffins oder in halbe Walnussschalen) gefüllt werden, denn sie wird rasch fest. Stecken Sie wenn nötig noch ein Hölzchen in die Form als Landeplatz für hungrige Vögel, fertig.

LECKERE SAMEN FÜR FEINES VOGELFUTTER

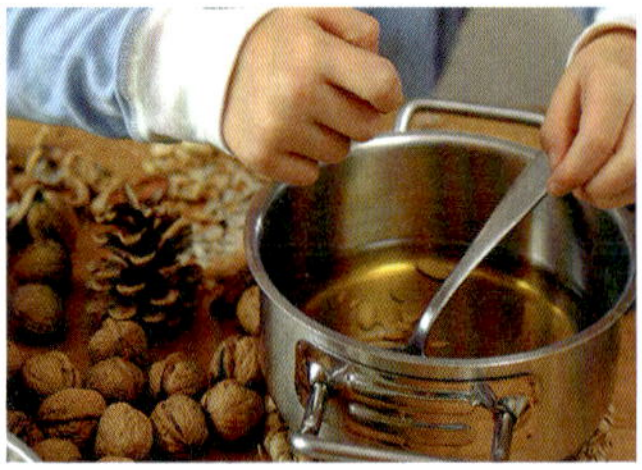

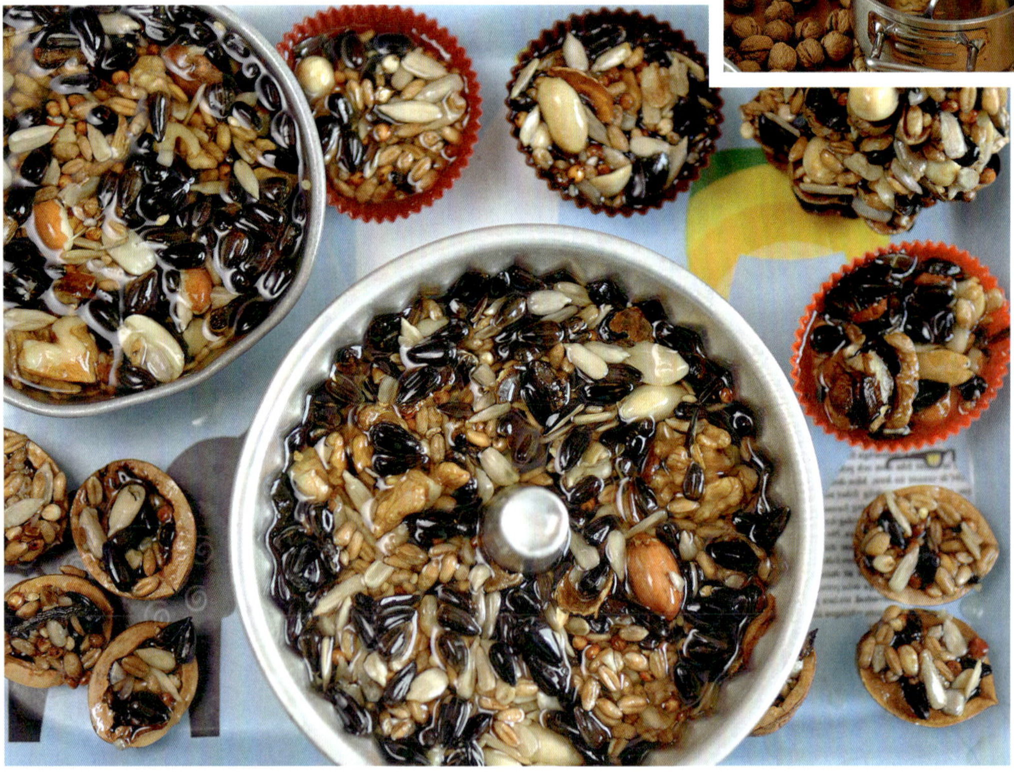

SELBER MACHEN

VÖGEL BRAUCHEN IM WINTER energiereiche Kost, denn die kleinen, über 40 Grad Celsius heißen Vogelkörper verlieren trotz wärmedämmendem Gefieder reichlich Körperwärme. Das wollen wir ihnen gerne anbieten, in einer halben Kokosnussschale, einem sauberen Blumentopf oder in kleinen Förmchen. Der Fantasie sind keine Grenzen gesetzt. Sie können auch gesammelte Kiefern- und Fichtenzapfen oder die Rinde von Bäumen mit dem Fettfutter bestreichen und mit Erdnüssen bestücken. Hübsch sieht es aus, wenn Sie die mit Fettfutter gefüllten Walnüsse einfach an einer Schnur ins Geäst hängen. Sie werden sehen, dass Sie kaum mit dem Nachschub nachkommen – so hungrig ist die gefiederte Vogelschar im Winter.

BIETEN SIE DEN VÖGELN zudem Erdnüsse in einem Futterspender, Apfelviertel (Vögel fressen auch Gefrorenes), Rosinen und Streufutter am Boden an und dem Zaunkönig ein Schälchen mit Mehlwürmern. Und vergessen Sie ein Schälchen mit Wasser nicht, dass Sie stets aufgetaut halten sollten.

WIR TUN GUTES FÜR VÖGEL

↑ **SCHWIMMLAPPEN** hängen an den grünlich grauen Zehen des Blässhuhns, die es beim Schwimmen und Tauchen (bis zu 15 Sekunden lang) gut gebrauchen kann.

↗ **AN OFFENEN** Gewässern ist nun der Teufel los, besonders bei frostigen Temperaturen: Je kleiner die eisfreie Fläche, umso dichter drängen sich dort die verschiedenen Wasservögel.

→ **DIE IDYLLE** ist trügerisch, denn dieser Teil des Sees ist besetzt: Kein anderer Schwan traut sich dorthin, denn er wird aggressiv vom Schwanenpaar vertrieben.

↓ **SILBERREIHER**, eigentlich in Südosteuropa zu Hause, kommen immer mehr im Winter zu uns. Vogelexperten rechnen damit, dass diese Großvögel bald auch bei uns brüten.

LÄRMENDE VOGELSCHAREN

INMITTEN DER winterlichen Ruhezeit in Wäldern und Parks, auf Wiesen und Feldern gibt es doch Naturorte, an denen Stille ein Fremdwort ist: Eine lärmende Gesellschaft aus Enten, Rallen, Schwänen und Gänsen hat sich an den Seen und Teichen, auch an dem in Ihrer Stadt oder Gemeinde, eingefunden, (Lach)Möwen gesellen sich gern dazu, an größeren Seen auch Säger und Taucher. Da wird geschnattert, gequakt, gekräht und „geköwt", was die Stimme hergibt. Mit etwas Glück können Sie sogar typische Meerenten wie die Eiderente entdecken.

GRUND FÜR DIE laute Zusammenkunft der Wasservögel ist der Beginn der Paarungszeit, mitten im kalten Winter. Die Entenmännchen haben dazu ihr prächtigstes Federkleid angelegt, in edlem Flaschengrün der Kopf der Stockentenerpel, leuchtend braunrot, grauschwarz das Erpelgewand der Tafelenten und schwarz-weiß mit bernsteingelben Augen der Reiherentenmann (Haben Sie schon die Federhaube auf seinem Kopf entdeckt? Sehr elegant.). Auffallend bunt verbreiten die aus Südostasien eingeführten, mittlerweile an vielen städtischen Gewässern heimisch gewordenen Mandarinenten fast exotisches Flair. Nur Schwäne, Gänse, Bläss- und Teichhühner (beide nicht mit Hühnern verwandt, sondern Rallen) tragen jahrein jahraus dieselben Farben.

LEBHAFT GEHT ES NUN

am Gewässer zu. Hartnäckig verfolgen die bunten Erpel jede Ente, manchmal sogar zu zweit oder zu dritt. In der nächsten Phase des Balzgehabes führen die Erpel merkwürdige Schwimmbewegungen aus. Streckt das Weibchen den Schnabel vor und senkt dabei ruckartig den Kopf nach unten, so waren Sie sozusagen Trauzeuge: So sieht das Ja-Wort in der Entensprache aus. Blässhühner zeigen sich von ihrer zänkischen Seite und Schwanenpaare vertreiben in inniger Zweisamkeit fauchend jeden Artgenossen aus ihrem Revier. Viel Spannendes und Interessantes gibt es jetzt an den Gewässern zu beobachten, das dürfen Sie einfach nicht verpassen.

AN DEN KÜSTEN überwintern zahlreiche Wasser- und Watvögel, die Sie bei einer Strand- oder Wattwanderung oder vom Schiffsdeck aus mit dem Fernglas beobachten können. Wollen Sie mehr über die Dagebliebenen und Wintergäste erfahren, nehmen Sie an einer geführten Vogelwanderung teil.

IM WINTER FALLEN auch die Saat- und Rabenkrähen auf, die sich am Nachmittag zu immer größeren Scharen sammeln, am Himmel mit lauten „kraa-kraa"-Rufen ihre großen Kreise ziehen, die schließlich zu den Schlafbäumen führen. Dann herrscht dort noch lange keine Ruhe, eine Herausforderung für die dort wohnenden Menschen, für Vogelfreunde ein Genuss voller Ehrfurcht vor so viel irdischer Vielfalt. Auch die kleineren bunten Verwandten der Krähen zeigen sich im Winter häufiger: Haben auch Sie schon Eichelhäher in kleinen Trupps in Ihrem Garten beobachtet?

AUF GLATTEN KUFEN

SIE WOLLEN RAUS in den Schnee, aber der lässt noch auf sich warten? Wenn der Schnee so gar nicht zu Ihnen kommen mag, fahren Sie ihm einfach entgegen – in die höheren Regionen der Mittelgebirge oder Alpen. Auf Schlitten oder Schneeschuhen, auf langen Brettern oder einfach zu Fuß, in manchen Gebieten sogar auf dem Rücken eines Pferdes, sich bewegen bei flottem Tempo macht warm und ist sooo gesund.

SCHNEESPIELE SIND herrlich! Machen Sie mit Ihrer Familie eine ausgiebige Schneeball-schlacht (Achtung, es dürfen sich keine Steine oder Eisklumpen daruntermischen) oder lassen Sie sich rückwärts an einer geeigneten offenen Stelle in den supertiefen unberührten Schnee fallen, liegend die Arme einmal von oben nach unten und wieder zurück bewegen – fertig ist der Schneeengel. In einem großen Schneehaufen verstecken Sie einen wasserfesten Schatz, die Spuren gut verwischen. Wer findet ihn? Auch eine Schnitzeljagd im Schnee hat ihren Reiz, fast noch mehr für die Versteckenden, denn die Spuren sind für die Suchenden so viel deutlicher sichtbar.

IN LEICHTER RÜCKENLAGE sitzend, die Füße bremsbereit rechts und links neben den Kufen – so geht es munter mit dem Schlitten bergab. Egal, ob sportlich schnell oder im gemütlichen Tempo, ob hinterm Haus oder auf einer (bei Nacht beleuchteten) Rodel-piste, Schlittenfahren macht Freude, gibt rote Bäckchen und gute Laune. Und beim anschließenden Den-Schlitten-wieder-den-Berg-Hinaufziehen geben Sie Ihrem Kreislauf einen ordentlichen Kick. Den hat er auch nötig bei so wenig Licht und Bewegung in der dunklen Winterzeit. Und wenn Ihnen dann doch einmal kalt werden sollte, erinnern Sie sich an die Übungen aus der Gymnastik-stunde: zehn Hampelmänner zum Beispiel und Ihnen ist wieder warm.

*SCHLITTENFAHREN
MACHT FREUDE,
GIBT ROTE BÄCKCHEN*

→ **TRITTSPUREN VON REH**, → → **MARDER**
und Wildschwein sind auf der weißen Schneedecke gut sichtbar. Mit Leichtigkeit können
Sie erkennen, woher das Wildtier gekommen ist und in welche Richtung sein Ziel lag.
Versetzen Sie sich in das Tier hinein: Füchse
etwa laufen gerne am deckenden Gestrüpp
entlang, Dachse querfeldein. Auch das
Tempo können Sie an der Spur erkennen:
Je schneller, desto größer die Abstände.

↓ **DER KOBEL** eines Eichhörnchens liegt nun
verlassen da, einst Herberge einer munter
heranwachsenden Hörnchenschar. Das Winternest dieses putzigen Baumbewohners ist
dick gepolstert, um die Kälte abzuhalten.

↘ **DER KRÄHENGROSSE SCHWARZSPECHT**
hinterlässt deutlich sichtbare Spuren auch an
lebenden Fichtenstämmen.

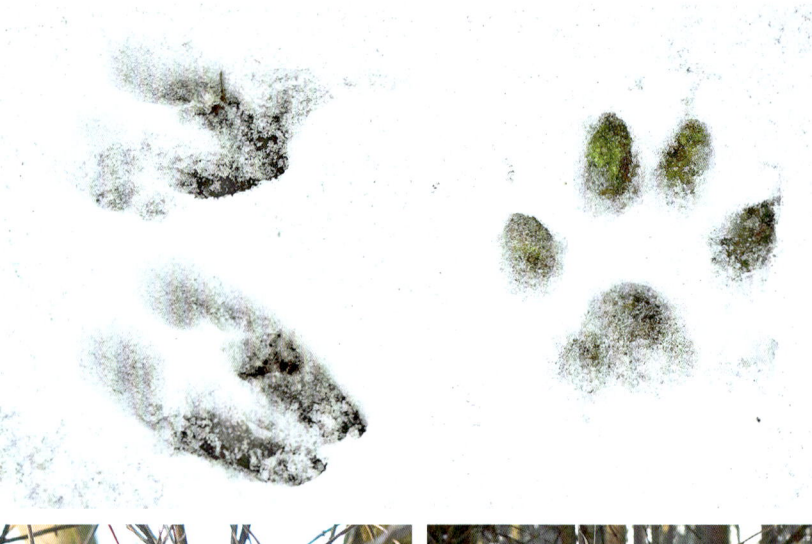

AUF SPURENSUCHE

IM WALD ist es das ganze Jahr über schön, aber im Winter entfaltet der Wald einen ganz besonderen Reiz: Zwischen hohen Bäumen und struppigem Unterholz ist es viel wärmer als draußen auf Feld und Flur. Und wenn dann auch noch Schnee liegt, schlägt die Stunde der Spurensucher. Da sind Sie doch mit dabei!

AUCH OHNE SCHNEE findet der Spurensucher in Ihnen reichlich Material: Abgeknabberte Fichtenzapfen etwa geben Rätsel auf, wer hat denn da seinen Hunger gestillt? War es eine Maus, ein Eichhörnchen, ein Buntspecht oder gar ein Fichtenkreuzschnabel? Und wer hat da meisterhaft die harte Schale einer Haselnuss geknackt oder am Pilzhut genascht? Mit etwas Spürsinn (und einem Tierspurenbuch) können Sie recht einfach herausfinden, wem Sie da gerade auf die Spur gekommen sind.

WERFEN SIE AUCH einen Blick nach oben in das Geäst der Bäume und Sträucher. Die Nester von Vögeln und Säuge-tieren werden nun sichtbar. Riesig groß die Horste von Mäusebussard und Graureiher (ja, er brütet tatsächlich in den Baumkronen), klein und zierlich die der Singvögel, bodennah das von Zaunkönig und Rotkehlchen. Eichhörn-chen legen ihre Zweignester gern recht stammnah an, jetzt im Winter ist der Lieblings-kobel dick und gut sichtbar mit isolierendem Laub gepolstert. Auch die vom Specht gehaue-nen Baumhöhlen können Sie nun viel leichter entdecken als im belaubten Sommer-wald. Markieren Sie einen Spechthöhlenbaum mit bunter Kreide und besuchen Sie ihn im kommenden Frühsommer: Wer wird wohl der Nachmieter sein, Meisen oder Kleiber, Sieben-schläfer oder gar Hornissen?

MIT ETWAS GLÜCK begegnen Sie dem Wintergoldhähnchen, sonst Bewohner hoher Fichten-kronen, der nun im Gebüsch nach Nahrung sucht, vielleicht auch ganz nah bei Ihnen (sofern Sie sich nicht bewegen). Oder dem Fichtenkreuzschnabel, der sogar mitten im Winter brütet.

MIT BLÄTTERN, BLÜTEN und Früchten ist es leicht, Bäume und Sträucher zu bestimmen. Im Winter, wenn nur Wuchs-form, Rinde und Knospen sichtbar sind, wird das Unter-scheiden der Arten schwieriger. Wagen Sie es. Ein genauer Blick auf das Gehölz, dann ein Blick auf den Boden – vielleicht liegen dort ja noch Laub oder Früchte. Art erkannt? Machen Sie Fotos von mindestens 20 verschiedenen Knospen oder Rinden (schwieriger) und erstellen daraus ein Knospen-Memo. Wetten, dass Sie beim nächsten Waldspaziergang ein paar Bäume und Sträucher auch im Winter benennen können?

WELCHE TIERSPUR HABEN SIE HEUTE ENTDECKT?

EINE SCHLITTENFAHRT

„JINGLE BELLS, jingle bells, jingle all the way. O what fun it is to ride in a one-horse open sleigh, hey"* – James Lord Pierpont hat gewusst, wie toll eine Fahrt mit dem Pferdeschlitten durch die Winterlandschaft ist, als er vor über 150 Jahren dieses fröhliche Winterlied komponiert hat. Wissen Sie es auch?

DAS MÜSSEN SIE EINFACH

mal machen: Mit lustigem Gebimmel und dem Schnauben der Pferde, eingehüllt in eine wärmende Decke, geht es durch die Schneelandschaft, denn Schnee gehört irgendwie schon dazu. Fahrten mit dem Pferdeschlitten werden in vielen Wintersportorten angeboten. Im Internet können Sie sich auch über die Angebote unter dem Stichwort „Pferdeschlittenfahrt" erkundigen.

* „Klingt Glöckchen, klingt Glöckchen, klingt den ganzen Weg. Oh welch Freude ist es, in einem einspännigen offenen Pferdeschlitten zu fahren."

ABENTEUER PUR verspricht eine Fahrt mit Schlittenhunden. Der Schlitten mit dem Gespann aus bis zu zehn Hunden wird wesentlich durch die richtigen Zurufe gelenkt. Die versteht der Leithund, ein Husky oder Malamut, der ganz vorne allein oder mit einem Partner seine Hundekollegen anführt. Auf „Go" geht's los, auf „Gee" nach rechts und auf „Haw" nach links. „Whuuu" heißt Stopp, meist laufen die Hunde trotzdem weiter und der Schlitten kommt dank Bremsen zum Stehen. Als „Musher" (der Lenker) muss man gut mit Hunden auskommen. Dieses polare Transportmittel für Menschen und Güter ist natürlich vor allem in Alaska, Sibirien und Skandinavien im Einsatz (dort können Sie mehrtägige und mehrwöchige Abenteuer-Outdoor-Touren mit Hundeschlitten machen), aber auch in den Alpen, im Bayerischen Wald, Schwarzwald und Allgäu sowie in Brandenburg werden Hundeschlittentouren angeboten. Und wenn kein Schnee liegt, wird einfach ein Wagen mit Rädern vorgespannt.

*MIT DEM SCHNAUBEN
DER PFERDE GEHT ES
DURCH DEN WINTERWALD*

↑ GRASHALME UND ROSENFRÜCHTE regen an: Eine rote Hagebuttenschlange schlängelt sich im Slalom durch den Schnee.

→ HIER WIRD KUNST zum Geduldspiel: Was mag wohl die beste Position sein, in der der kantige Stein stehen bleibt? Kaum steht der erste, kommt ein zweiter, ein dritter hinzu.

↓ ROT LEUCHTET weit und bildet einen tollen Kontrast zu den eher gedeckten Winterfarben: Natürlich und künstlich zugleich füllen rote Früchtchen die wellenförmigen Fugen der Felsen aus.

NATURKUNST IN EIS UND SCHNEE

AUCH IM WINTER können Sie draußen herrliche Naturkunst gestalten. Lassen Sie an verschiedenen Naturorten lebendige Skulpturen und farbige Gestaltungen aus Eis und Schnee, Laub, Zapfen und den stehen gebliebenen Baumfrüchten entstehen, die selbst Teil der Natur sind. Beschenken Sie die Winterlandschaft mit Ihren Schöpfungen.

FORMEN SIE AUS SCHNEE verschiedene Skulpturen wie Tiere, Kegel, Würfel oder einen Torso und verzieren Sie ihn mit einem symmetrischen oder gleichmäßigen Muster aus Laub (das finden Sie an schneefreien oder -armen Stellen um Baumstämme oder im Gebüsch). Eine Blätterschlange kriecht über Schnee und Eis in ein Versteck, ein Schnee-Igel mit Stacheln aus kleinen Ästchen wartet am Wegesrand. Bauen Sie aus Schnee eine verrückte Murmelbahn für Eicheln, Kastanien oder runde Kiesel. Markieren Sie verwehten Schnee mit einem Muster aus Ästchen, Zapfen, Erde oder Blättern.

BRECHEN SIE AM Gewässerufer vorsichtig feine Platten aus Eis ab und platzieren Sie diese im Geäst vor leuchtend roten Beerenfrüchten. Legen Sie Blätter, Zapfen und andere Naturmaterialien auf ein Backblech, füllen es mit Wasser auf und lassen es draußen über Nacht gefrieren. So entstehen dekorative Eisplatten, die Sie als temporäre Skulpturen im Garten aufstellen können. Verzieren Sie den eisigen Rand eines Teiches mit Naturmaterialien. Aus runden Steinen in zweierlei Größen bilden Sie die witzigen Tapsen eines Hundes, der vorwitzig neben Ihnen im Schnee gelaufen ist.

HÖHLEN SIE EINE große Kugel aus Schnee aus und stellen Sie ein Teelicht hinein. Mit kaltem Tee oder bunten Frucht- und Gemüsesäften können Sie auch bunte Figuren oder Flächen in den Schnee malen. Wie wäre es mit einem roten Herzchen für den Allerliebsten?

UND WENN DRAUSSEN BEI Plustemperaturen kein Schnee liegt, macht nichts: Dann gestalten Sie eben Naturkunst mit den Materialien, die Sie draußen vorfinden – mit Zapfen und Laub, mit Ästen und Steinen, in Schlamm und feuchtem Sand. Naturkunst macht Freude, ist abwechslungsreich, bei jedem Wetter möglich, spendet Ruhe, Gelassenheit und fröhliche Stimmung. Veranstalten Sie doch einen gemeinsamen Naturkunst-Tag, mit Ihrer Familie, mit Freunden und Nachbarn. Und zur Vernissage der Kunstwerke gibt es kleine Naturleckereien zum Knabbern, Nüsse, Mandeln, getrocknete Früchte, die auch wie ein Naturkunstwerk dekoriert sind.

KREATIVITÄT UND SCHAFFENSFREUDE WOHNEN IN JEDEM MENSCHEN

KRÄNZE BINDEN

IN KEINER JAHRESZEIT gibt es so viele Kränze wie im Herbst und Winter. Kränze sind ein Symbol für das Vollkommene, das Unendliche, denn in einem Kreis gibt es kein Ende. Christliche Kränze sind ein Zeichen dafür, dass das Leben stärker ist als der Tod. Solch gute Symbole holen Sie sich mit einem Adventskranz und schmückenden Kränzen für Tür und Fenster in Ihr Zuhause. Am allerschönsten ist ein selbst gebundener.

EIN SCHLICHT GESCHMÜCKTER KRANZ wirkt viel besser. Die stärkste Symbolik haben die Farben Grün, Rot und Gelb, denn sie stimmen auf Weihnachten ein: Die grünen Zweige stehen für die Hoffnung, das rote Band trägt die Farbe des Lebens und die vier Kerzen bringen Glück.

Ein paar stabile Weidenzweige zum Kranz in der gewünschten Größe gebogen, mit Bindedraht fixiert, ergeben das Grundgerüst.

Dann legen Sie dachziegelartig im Uhrzeigersinn etwa 10 cm lange Stücke der Bindepflanzen dicht auf das Weidengerüst und umwickeln sie nacheinander mit Bindedraht. Fertig!

KRANZBINDEN FÜR PROFIS: Achten Sie auf ein stimmiges Verhältnis zwischen der Breite des Kranzkörpers und dem Durchmesser der Kranzöffnung (Loch in der Kranzmitte).

Aus dem restlichen Grün binden Sie noch einen zweiten, dritten, vierten Kranz für Nachbarn, Freunde und Verwandte.

UNSER CHRISTBAUM

WEIHNACHTEN wäre für viele Menschen kein Freudenfest ohne Weihnachts-, Christ- oder Tannenbaum. Die mit Glaskugeln, Holzfiguren, Lametta, Schleifen, Kerzen und Süßigkeiten geschmückte Nordmanntanne (weiche Nadeln) oder Fichte (stechend spitze Nadeln) bringt Licht in die Stube.

SCHIER UNÜBERSCHAUBAR ist das Angebot an Weihnachtsbäumen in den Wochen vor dem Fest. Und so reiht sich der Kauf eines Baumes oft ein in das eifrige Suchen nach passenden Geschenken, wird nebenbei in der allgemeinen Vorweihnachtshektik erledigt. In diesem Jahr aber fällen Sie Ihren Weihnachtsbaum selbst. Dazu informieren Sie sich bei Ihrer

Gemeinde (Ordnungsamt), dem örtlichen Förster (Forstamt) oder im Internet, wo und wann Sie einen Weihnachtsbaum selber schlagen können. Vielleicht kennen Sie ja auch einen Waldbesitzer, auf dessen Grund Sie einen Baum fällen dürfen.

BEI DER SUCHE nach dem passenden Baum haben Sie nicht nur einen Blick auf Größe und Baumaufbau. Verbinden Sie sich mit den Bäumen, mit ihrem Wesen. Folgen Sie Ihrer Intuition bei der Wahl – und ganz nebenbei tanken Sie jede Menge Ruhe und Gelassenheit, atmen tief die frische Waldluft ein und freuen sich am Tageslicht, von dem Sie im Winter so viel wie möglich abbekommen sollten.

1 KERZEN BRINGEN LICHT in die Stube, gerade zur Wintersonnenwendzeit, wenn die Tage am kürzesten und dunkelsten sind.

2 ZU HAUSE kommt der frisch gefällte Baum sofort in einen Eimer mit kaltem Wasser und an einen kühlen, aber frostfreien Ort.

FEINER NADELDUFT
STIMMT FEIERLICH

← DER RAUCH getrockneter Kamillenblüten duftet fein nach Kräutern. Er unterstützt heilende Prozesse und spendet Ruhe für die Nacht.

✓ LAVENDEL gehört zu den Räucherkräutern, die am häufigsten verwendet werden. Das hat seinen Grund: Er sorgt für einen klaren Geist, etwa wenn die Seele wachsen will.

⌐ HOPFEN entfaltet in kleinen Mengen einer Räuchermischung (etwa aus wohlriechendem Salbei und Kiefern) zugesetzt am besten seine besänftigende Wirkung.

↓ MIT DEM SANFTEN RAUCH verbreiten sich die duftenden ätherischen Öle in der Luft und entfalten ihre ganz spezifische Wirkung.

→ SINNLICH SÜSS duften die getrockneten Blütenknospen der Rose. Mit beigemischtem Rosenweihrauch können Sie den feinen Rosenduft intensivieren.

RÄUCHERKRÄUTER

IN DER GLIMMENDEN WÄRME
lösen sich die ätherischen Öle
trockener Kräuter, Blätter und
Samen und erfüllen die Luft mit
zartem Duft. Menschen aller Kulturen haben geräuchert und räuchern immer noch, mit Räucher-
stäbchen, Räucherkegeln oder

traditionell mit Räucherkräutern.
Sie brauchen dazu neben den
Kräutern nur eine feuerfeste
Schale, Vogelsand und Räucher-
kohle. Räuchern reinigt und
erfrischt die Luft, macht „dicke
Luft" durchlässiger und vertreibt
böse Gedanken und Streit.

*RÄUCHERN ENTSPANNT,
BELEBT UND REINIGT*

FEINER KRÄUTERDUFT

GEBEN SIE DIE Räucherkräuter (einzeln oder in einer Mischung) und ein oder zwei kleine Harzklumpen (Weihrauch, Mastix) oder von heimischen Nadelbäumen auf die glimmende Kohle. Alternativ können Sie die Räucherware aber auch direkt in eine feuerfeste Schale geben, etwa in eine Abalone-Schale (das ist das große Gehäuse eines Seeohrs, einer Meeresschnecke), und sie mit einem Feuerzeug anzünden. Sanftes Blasen lässt die Kräuter rasch erglimmen und feiner Rauch steigt auf. Fächeln Sie den Rauch mit Ihrer Hand, mit einer Feder oder einem Fächer über Ihren Körper, über Gegenstände, in den Raum oder einfach überall hin, wo Sie den Rauch haben möchten.

VIELE RÄUCHERKRÄUTER
wachsen bei uns, in der freien Natur, im Garten, andere erstehen Sie in besten Qualitäten im Räucherhandel. Zur Reinigung von Räumen und Geist verwenden Sie eine Räuchermischung aus getrockneten Lavendelblüten, Süßgras, Salbei- und *Thuja*-Blättern. Zu dieser Mischung können Sie echten Weihrauch (Olibanum), Rosenblüten, Sandelholz oder Copal zugeben.

*DUFTENDER RAUCH –
BOTSCHAFTEN AN
HIMMEL UND WIND*

↑ DIE BLÜTEN DES SEIDELBASTS sitzen direkt an den holzigen Zweigen und Stämmen sitzen. Wie grüne Kugeln hängen die Misteln in den blattlosen Baumkronen. Die rosa überhauchten Blüten des Duftschneeballs duften nach Sommer – und das bei Schnee und Eis.

→ DAS ERSTE GELB im neuen Jahr zaubert die Kornelkirsche hervor – und dass die gelben Flechtenmatten eine untrennbare Ehe aus Alge und Pilz darstellen, sieht man ihnen nicht an.

↓ CHRISTROSEN heißen auch Nieswurz, weil ihre zerriebenen Wurzeln zum Niesen anregen. Efeufrüchte sind beliebte Vogelkost – wie gut, dass sie ausgerechnet im Winter reifen. Schneeglöckchen, Vorboten des Frühlings, schieben ihre hübschen Blüten durch die schmelzende Schneedecke.

BLÜHENDE WINTERSCHÖNHEITEN

MUTIG SIND SIE, die Pflanzen, die jetzt in der kalten, dunklen Winterzeit Farbe bekennen. Sie haben so bezaubernde Namen wie Seidelbast und Zaubernuss, Duftschneeball und Winterjasmin, Christrose, Nieswurz und Schneeheide. Ihre hübschen Blüten entdecken Sie auf einem Winterblüten-Spaziergang, bei dem Sie ganz besonders auf die Pflanzen rechts und links des Weges achten.

UM DIE DUFTEND ROTEN
Blüten des giftigen Seidelbasts zu sehen, müssen Sie die Buchenwälder in den Mittelgebirgen besuchen. Für die duftenden Blüten von Zaubernuss (gelb, orange, rötlich), Duftschneeball (weiß bis rosa) und Winterjasmin (gelb) müssen Sie nicht so weit gehen. Sicherlich gibt es rund um Ihr Zuhause mindestens einen dieser Sträucher. Das Juwel der Winterzeit ist die filigrane Christrose, auch Nieswurz genannt. Zahlreiche Legenden erzählen, wie die Christrose zu ihrem Namen gekommen ist – in der schönsten hat die glückliche Maria im Licht eines hellen Sterns diese Blüten am Boden entdeckt, nachdem eine auf das Stroh gefallene Schneeflocke das kleine Jesuskind in der Krippe zu seinem ersten Lächeln gebracht hat.

AUCH MISTELN UND EFEU
fallen auf. Misteln finden Sie selten allein. Meist wachsen viele auf einem Baum und in den Nachbarbäumen. Vögel fressen die weißen Früchte, die am Schnabel kleben bleiben. Beim Versuch der Vögel, sie an Ästen und Zweigen abzureiben, gelangen die Samen der Mistel dorthin, wo sie keimen können. Misteln haben in der Weihnachtszeit eine besondere Bedeutung: Wer sich unter einem Mistelzweig küsst, wird glücklich. Um herauszufinden, wie alt ein Mistelstrauch ist, müssen Sie nur die Abzweigungen zählen. Jedes Jahr teilt sich nämlich jedes Zweigende und bildet zwei neue Zweige mit je zwei lustigen Blätterohren. Auch die dunklen Efeufrüchte werden nun reif – sie sind begehrte Winterkost bei vielen Vögeln.

IN MILDEN WINTERN gesellen sich zu den „richtigen" Winterblühern auch andere Pflanzen, die ihre Blüten zu dieser ungewöhnlichen Zeit öffnen. Im Dezember wurden in Gärten schon blühende Rudbeckien, Löwenmäulchen, Ringelblumen, Hortensien, Taubnesseln und sogar Rosen entdeckt. Welche „merkwürdigen Winterblüher" haben Sie entdeckt? Und dann gibt es ja auch noch die Wildblumen, die das ganze Jahr über blühen können: Ehrenpreis und Vergissmeinnicht, Spitzwegerich und Gänseblümchen gehören dazu. Sie sehen, es gibt viel zu entdecken bei so einem Winterblüten-Spaziergang.

WERFEN SIE AUCH einen Blick auf Steine, Felsen und Mauerwerk. Dort gedeihen die bunten Flechtenmatten, wundersame Pflanzenwesen aus Alge und Pilz. Und wenn dann Schneeglöckchen, Leberblümchen, Winterling, Krokus und Huflattich ihre herrliche Blütenpracht entfalten, ist der Winter auch schon fast vorbei.

STERNSTUNDEN

EIN WAHRES STERNENMEER bietet der winterliche Nachthimmel. Zu keiner Jahreszeit stehen so viele auffallend helle Sterne in so markanten Sternbildern am Himmel wie im Winter. Und weil die Sonne schon früh untergeht, beginnen für Sie die Sternstunden schon am späten Nachmittag. Wie wär's mit einem kleinen Verdauungs-Sternenguck-Spaziergang nach dem Abendessen? Oder einem spannenden Familien-Abend-Sternen-Ausflug? Wählen Sie einen Ort ohne störende Beleuchtungen.

NEHMEN SIE am besten eine nachtleuchtende Sternenkarte mit. Im Norden steht der Große Wagen recht horizontnah aufrecht am Himmel. Seine verlängerte Wagenrückseite weist zum Polarstern, der ziemlich genau im Norden steht. Auf der anderen Seite des Polarsterns erkennen Sie das Sternbild Kassiopeia, „Himmels-W" genannt, das nun aber wie ein „M" aussieht.

DIE STARS am Winterhimmel sind eindeutig die auffallenden Sternbilder Orion, Fuhrmann, Stier und Zwillinge sowie der bläulich funkelnde Sirius, der hellste Stern am Himmel. Das berühmte Siebengestirn, der offene Sternhaufen Plejaden, finden Sie eine Handbreit oberhalb vom Sternbild Stier.

LECKERBISSEN Ihrer Sternstunden sind die Planeten, die die Sternbilder des Tierkreises durchlaufen. Merkur und Venus (der strahlend weiße Abend- oder Morgenstern) stehen – sofern sie sichtbar sind – stets horizontnah am Abend- oder Morgenhimmel. Mars, Jupiter und Saturn können überall am Himmel stehen. Informieren Sie sich in aktuellen Himmelskalendern.

1 IM ORION, dem stattlichen Jäger aus der griechischen Mythologie, entdecken Sie unterhalb der drei markanten Gürtelsterne den bekannten Orion-Nebel.

2 HERRLICH, wenn am noch hellen Abendhimmel die ersten Sterne, Planeten und der Mond aufleuchten.

ZWISCHEN DEN JAHREN

IST EINE GANZ besondere Zeit. Das Leben vieler Menschen schlägt an den Tagen zwischen Weihnachten und Dreikönig (6. Januar) wie selbstverständlich in einem ähnlichen Takt. Zu keiner anderen Zeit im Jahr sind so viele Betriebe geschlossen, das öffentliche Leben hält inne und scheint ein Stück zu ruhen wie die Tiere und Pflanzen draußen. Stattdessen werden Familientreffen geplant und Freunde eingeladen, um den Übergang von einem Jahr zum anderen zu feiern.

IM EUROPÄISCHEN Brauchtum heißt diese Zeit „die Raunäch-

te" und sie war verbunden mit zahlreichen Ritualen; so wurden etwa Viehställe mit Weihrauch und Kräutern beräuchert, um böse Geister zu vertreiben. Die Tore zum Himmel stehen weit offen in dieser Zeit.

SIE TUN SICH etwas wirklich Gutes, wenn Sie dieses alte Menschenwissen wieder aufleben lassen: Räuchern Sie in den Raunächten Ihre Wohnung aus und geben Sie bewusst gute Gedanken und positive Visionen, Ausblicke auf das nächste Jahr hinein. Reflektieren Sie das vergangene Jahr (Was haben Sie vollbracht? Was ist Ihnen gut gelungen? Was hat Ihnen so richtig Freude gemacht und Begeisterung geweckt? Aus welchen Fehlern haben Sie gelernt und was?) und äußern Sie Wünsche und Visionen für das kommende (Was soll vollendet werden? Welcher Ihrer Träume soll im kommenden Jahr wahr werden? Welche Seite in Ihnen wollen Sie noch kennenlernen?). Gehen Sie dazu raus aus der Menschenwelt und rein in die Natur, denn Natur erdet und

bringt Sie Ihrer inneren Weisheit und Intuition nah. Suchen Sie verschiedene Naturräume auf, einen dichten Wald, ein offenes Feld, eine Berghöhe, eine tiefe Schlucht. Lassen Sie sich durch die Landschaft treiben und nehmen Sie an Kreuzungen den Weg, den Ihre Füße automatisch wählen. Lehnen Sie sich an einen Baum, schauen Sie in die Tiefe eines Sees, lassen Sie Ihre Gedanken mit dem Strom eines Flusses dahinfließen, verkünden Sie Ihre Wünsche allen vier Himmelsrichtungen. Dann schlafen Sie eine Nacht darüber und machen am nächsten Tag den ersten Schritt, damit Ihre Visionen auch wahr werden.

---

1 DIE RAUNÄCHTE waren zwölf eingeschobene Nächte, damit der nur 354 Tage umfassende Mondkalender früherer Kulturen zum Sonnenjahr mit seinen 365 Tagen passt.

2 RITUALE bieten sich nun an: Altes loslassen und so Platz schaffen für Neues.

AKTEURE

Wir haben an diesem Buch mitgewirkt:
Bärbel Oftring (Autorin), Antje Albrecht (Projektleitung),
Conny Marx (Fotos), Markus Schärtlein (Herstellung). Stell-
vertretend für alle großen und kleinen Naturfreunde im Buch:
Britta, Charlotte, Holger, Jette, Lotte, Lulu, Marlene und Steffi.

Hier nicht mit im Bild:
Sandra Gramisci (Layout), Frank Hecker (Fotos), Sigrid Walter
(Satz) sowie Andrea, Claudia, Dorian, Hellen, Jörg, Lennart,
Lulu, Max, Mika, Mila, Nils, Noemi, Robert, Saskia B., Saskia W.
und Tom.

MEHR NATUR IM BUCH

Aichele/Spohn: Was blüht denn da? Der Fotoband. Sicher nach Farbe bestimmen, KOSMOS, 2009

Bellmann: Bienen, Wespen, Ameisen. 130 Arten, über 340 Farbfotos, 336 Seiten, KOSMOS, 2010

Donhauser: Draußen genießen. Sommerfeste, Grillen & Picknick, 160 Seiten, KOSMOS, 2011

Engelhardt: Was lebt in Tümpel, Bach und Weiher? Pflanzen und Tiere unserer Gewässer, 320 Seiten, KOSMOS, 2008

Fischer-Rizzi, Mit der Wildnis verbunden. Kraft schöpfen, Heilung finden, 240 Seiten, KOSMOS, 2007

Fuchs: Räuchern mit heimischen Pflanzen, 96 Seiten, KOSMOS, 2010

Hahn/Weiland: Sternkarte für Einsteiger, KOSMOS, 2011

Hecker: Welche Tierspur ist das? 106 Tierspuren einfach bestimmen, 144 Seiten, KOSMOS, 2010

Janke/Kremer: Düne, Strand und Wattenmeer. Tiere und Pflanzen unserer Küsten, 320 Seiten, KOSMOS, 2010

Lantermann: Kröten, Echsen, Salamander. Amphibien und Reptilien beobachten und schützen. 96 Seiten, KOSMOS, 2010

Oftring: Ab in den Wald! 88 mal den Wald entdecken und erleben, 96 Seiten, KOSMOS, 2011

Oftring: Nix wie raus! 111 mal Natur entdecken und erleben. KOSMOS, 2010

Pätzold/Laux: 1 mal 1 des Pilzesammelns, 320 Seiten, KOSMOS, 2011

Richarz: Ein Heim für Gartenvögel. Vögel beobachten, Nistkästen und Futterhäuser bauen. 80 Seiten, KOSMOS, 2009

Richarz: Welche Fledermaus ist das? 80 Seiten, KOSMOS, 2011

Seip: Was sehe ich am Himmel? Himmelsphänomene bei Tag und Nacht, 160 Seiten, KOSMOS, 2011

Singer: Was fliegt denn da? Der Fotoband, Mit TING. 400 Seiten, KOSMOS, 2011

Toll/Sokolowski: Raus aus dem Haus. Komm und erlebe die Natur, 128 Seiten, KOSMOS, 2011

WEB-ADRESSEN

AKTIV

Hundeschlitten-Workshops und -touren im Bayerischen Wald
www.hundeschlittenreisen.de

Das Geocaching-Portal unterstützt durch die Deutsche Wanderjugend (DWJ)
www.geocaching.de/

Termine, Pegelliste und mehr des Deutschen Kanu-Verbands
www.kanu.de/

Deutschland Übersicht zu Weihnachtsbäumen aus der Region
www.agrifinder.com/Weihnachtsbaum/selber-schlagen

NATURSCHUTZ

Naturschutzbund Deutschland (NABU) e.V.
www.NABU.de

Jugendorganisation des Naturschutzbundes Deutschland e.V.
www.naju.de

Bund für Umwelt und Naturschutz Deutschland
www.bund.net/

Internationale Umweltorganisation Greenpeace
www.greenpeace.de

Die Deutsche Wildtierstiftung
www.deutschewildtierstiftung.de

Nationalparks in Deutschland
(Bundesamt für Naturschutz)
www.bfn.de

Wildtierauffangstationen
wildtierauffangstationen.
   blogspot.com/

AUSRÜSTUNG

Vielfältige Produkte rund um das Thema Natur
www.nabu-natur-shop.de

Hochwertige und umweltfreundliche Nistkästen, Fledermaushöhlen
oder Insekten-Nisthilfen und mehr
www.vivara.de oder www.schwegler-natur.de

Alles übers Räuchern: Zubehör, Mischungen und Anleitungen
www.labdanum.de

Fragen und Antworten zum Ting-Stift
www.ting.eu

TERMINE

Aktionen des Naturschutzbund Deutschland (NABU) e.V.
wie Stunde der Gartenvögel / Stunde der Wintervögel,
Krötenwanderung und Batnight
www.nabu.de/aktionenundprojekte

Alle Veranstaltungen rund um den GEO-Tag der Artenvielfalt
www.geo.de/GEO/natur/oekologie/tag_der_artenvielfalt/

Immer im Herbst: Mineralientage München
www.mineralientage.de

Schmetterlinge zählen / Abenteuer Faltertage
www.bund.net/faltertage

REGISTER

KOSMOS.
Gartenspaß für Klein und Groß.

Katja Maren Thiel | Gartenkinder
160 S., ca. 280 Abb., €/D 19,95
ISBN 978-3-440-13099-5

Pflanzen, lachen, selber machen!

Für Kinder ist ein Garten viel mehr als ein „verlängertes Wohnzimmer". Hier können sie spielen, Natur entdecken und dabei viel lernen. Wie viel Spaß selbst in ein paar Quadratmetern Grün stecken kann, zeigt dieses liebevoll-lebendige Buch: Sonnenblumenwettwachsen, Pflanzentöpfchen selber machen, mit Pflanzen malen oder fantasievoll mit Steinen spielen – in Schritt-für-Schritt-Anleitungen bietet es einen großen Fundus an Ideen und Experimenten, wie man gemeinsam mit Kindern den Garten entdecken und dort spannende kleine Abenteuer und Naturwunder erleben kann. Dazu gibt es wichtige Pflanzeninfos für Nachwuchsgärtner und eine kleine Tierkunde.

kosmos.de/garten

KOSMOS.
Pure Vielfalt.

Marlisa Szwillus | Für uns gekocht!
240 S., 183 Abb., €/D 19,95
ISBN 978-3-440-12582-3

Das neue Familien-Kochbuch

Szenen eines Familien-Alltags: Was koche ich heute Mittag?
Pizza, Pfannkuchen oder doch wieder Nudeln mit Sauce? Für den
kleinen Gemüsemuffel, den man schon vom Kindergarten abho-
len muss? Für die Große, die verspätet aus der Schule kommt?
Dieses Buch bringt Abwechslung in das Koch-Einerlei: Mit
schnellen und preiswerten Rezepten für jeden Tag und etwas auf-
wendigeren für das Wochenende oder für Gäste. Mit einfachen
Abwandlungen für jedes Gericht - damit z.B. die Gemüsebeilage
mit Banane kombiniert bei den Kleinen genauso gut ankommt,
wie die mit Chili und Ingwer gewürzte Variante für die Großen.

kosmos.de/gut-gekocht

KOSMOS.
Mehr wissen. Mehr erleben.

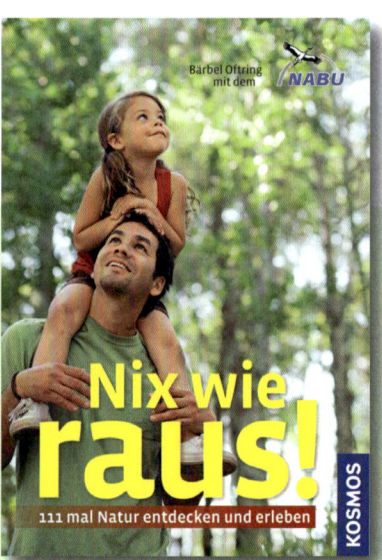

Bärbel Oftring | Ab in den Wald!
96 S., 133 Abb., €/D 9,95
ISBN 978-3-440-12586-1

Bärbel Oftring | Nix wie raus!
96 S., 186 Abb., €/D 9,95
ISBN 978-3-440-12342-3

Den Wald entdecken

Es gibt so viel zu entdecken! Natur tut gut.
Natur macht Spaß – besonders, wenn man
sie Kindern nahe bringt und mit der ganzen
Familie in den Wald zieht. Hier gibt es eine
wunderbare Vielfalt an Tieren, Pflanzen
und kleinen Wundern, an Erlebnissen und
Sinneseindrücken. Tierspuren erkennen, über
Mooswege laufen, Pilze finden, die Rotwild-
brunft beobachten, Forstzeichen an Bäumen
verstehen oder verborgene Spechthöhlen
ausmachen.

Pure Vielfalt

Wann haben Sie zuletzt unter freiem Himmel
geschlafen, ein Froschkonzert besucht, mit
Kindern am Bach gespielt oder duftenden
Waldmeister für die Küche gesammelt?
Blüten im Winter, die erste Schwalbe im
Frühjahr, Fledermäuse in der Sommernacht
und Pilze im Herbst – gleich vor der Haustür
gibt es so viel zu entdecken! Die Natur bietet
das ganze Jahr über und bei jedem Wetter
Schönes, Spannendes und auch Leckeres.

kosmos.de/natur

Stunde der Gartenvögel

Vögel beobachten, melden und gewinnen.

Jedes Jahr am zweiten Mai-Wochenende
www.stunde-der-gartenvoegel.de

IMPRESSUM

Umschlaggestaltung von Gramisci Editorialdesign, München unter Verwendung einer Aufnahme von Henglein and Steets/vario-images.com (Umschlagvorderseite: Mädchen in Blumenwiese) sowie zweier Aufnahmen von Conny Marx (Blütenkunst, Herbstblatt), einer Aufnahme von Holger Haag (drei Mädchen) und einer Aufnahme von grafvision/Istockphoto.com (Junge im Schnee) auf der Umschlagrückseite.

Mit 233 Farbfotos: je 1 Bild von Agenturfotograf (S. 46 groß), Anettelinnea (S. 128 unten re), Heiko Bellmann (S. 98 unten li), BIHAIBO (S. 69 oben li), blickwinkel über Hecker (S. 80), CarMan_by (S. 69), contour99 (S. 45.8), Ekaterina (S. 125 oben re), fotogaby (S. 26), fotostorm (S. 113), 3 Bilder von Rudi Beiser/LaLuna Kräutermanufaktur (S. 125 klein), 2 Bilder von Fünfstück (S. 29, 110 groß), 2 Bilder von Gartenschatz (S. 18 unten li, 44 unten Mitte); 6 Bilder von Holger Haag (S. 11, 19 oben li, 36 unten li, 66 Mitte, 81 unten li, 94 oben li), 89 Bilder von Frank Hecker (S. 18 oben li/oben re/unten Mitte/unten re, 19 oben Mitte/oben re/unten, 26 oben li, 33 unten, 34.2, 35 groß, 36 oben li/oben Mitte, Mitte re/unten Mitte/unten re, 39 oben, 44 oben li/Mitte, 47 oben li/Mitte, 50 oben li, 55 alle, 61 oben, unten Mitte/re, 66 Mitte re/unten, 69 oben re/Mitte li/Mitte re/unten, 73, 74.1, 74.2, 76, 77.1, 77.2. 79.1, 81 oben re/unten re, 87.1, 94 unten, 95 alle, 97.1, 97.3, 98 oben/groß, 106 alle, 107 alle, 110 oben/Mitte, 114 alle, 118 oben, 128 oben li/Mitte/Mitte, unten li/Mitte), 1 Bild von Andrew Howe (S. 26 groß), 1 Bild von hsvvs (S. 79 unten), 1 Bild von ImagineGolf (S. 23 groß), 1 Bild von Jasmina007 (S. 45), 1 Bild von JLBarranco (S. 23 oben), 4 Bilder von Kerrick (S. 26 oben re, 34 oben klein, 38 unten re, 61 Mitte), 4 von der Räuchermanufaktur Labdanum (S. 124, 125, 126 unten), 1 Bild von Gerda Mäder (S. 134 Akteure), 2 Bilder von Mkucova (S. 120 klein, 133 klein), 1 Bild von momcilog (S. 45 unten re), 1 Bild von monkeybusinessimages (S. 87 groß), 1 Bild von Sönke Morsch/FotoNatur.de (S. 28.1), 1 Bild von Christoph Moning (S. 75), 1 Bild von nikamata (S. 46 unten re), 1 Bild von ooyoo (S. 46 oben re), 1 Bild von Ornitholog82 (S. 61 unten li), 1 Bild von Manfred Pforr (S. 44 unten re), 1 Bild von Rike (S. 36 oben re), 1 Bild von Römhild (S. 28), 8 Bilder von Andrea Schneider (S. 1, 45 groß, 56.1, 87 oben re, 91 klein, 105, 132), 2 Bilder von Stefan Seip (S. 130, 131), 1 Bild von suemak (S. 127 klein), 1 Bild von Roland Spohn (S. 128 oben re) und 2 Bilder von tobi (S. 118 unten). 28 Aufnahmen wurden von Istockphoto.com bereitgestellt. Alle anderen Aufnahmen stammen von Conny Marx.

Mit acht Vogel-Zeichnungen von Kathi Sauerbier, Stuttgart.

Alle Angaben in diesem Buch erfolgen nach bestem Wissen und Gewissen. Sorgfalt bei der Umsetzung ist indes geboten. Verlag und Autorin übernehmen keinerlei Haftung für Personen-, Sach- oder Vermögensschäden, die aus der Anwendung der vorgestellten Materialien und Methoden entstehen können. Dabei müssen rechtliche Bestimmungen und Vorschriften berücksichtigt und eingehalten werden.

Unser gesamtes lieferbares Programm und viele weitere Informationen zu unseren Büchern, Spielen, Experimentierkästen, DVDs, Autoren und Aktivitäten finden Sie unter **www.kosmos.de**

Gedruckt auf chlorfrei gebleichtem Papier

© 2012, Franckh-Kosmos Verlags-GmbH & Co. KG, Stuttgart.
Alle Rechte vorbehalten
ISBN 978-3-440-13148-0
Projektleitung und Redaktion: Antje Albrecht
Gestaltungskonzept und Layout: Gramisci Editorialdesign, München
Satz: Walter Typografie & Grafik GmbH
Produktion: Markus Schärtlein
Printed in Germany/Imprimé en Allemagne